臺灣常見飼養貓咪完全教育指南

王欣玲 郭秀娟 張維誌 編著

五南圖書出版公司 印行

推薦序一

　　隨著人類社會的發展，從採集到畜養及農耕社會的歷程中，無論是基於食源較豐富或人類豢養防鼠之功能需求，貓也逐漸馴化走進人類的社群，是世界上最為廣泛的寵物之一，飼養率僅次於狗。貓和人類的歷史至少有 8,000 年以上，反映人類需求的改變，貓所扮演的角色功能性也從早期防鼠、玩賞演變至今日的寵物或伴侶，尤其是現代社會趨向結構少子化、老齡化，家庭成員相對單純，人和人之間情感疏離，飼養寵物作為情感的依託日益普遍，依據調查統計，臺灣 2023 年家貓數已達 131 萬隻，超過 6% 的家戶有飼養貓隻。貓具有獨立又安靜的習性，且對於活動量和居住空間要求不大，照顧相對適合人口稠密的都會社區，近年來飼養貓隻的比例及數量成長更甚於狗。

　　飼養寵物不是一時衝動或興趣，對於飼養貓隻而言，牠也許只是你人生的一部分，但你卻是牠的全世界，如何妥善照顧飼養的貓隻，做一個稱職負責任的飼主，尊重動物生命及保護動物是基本的，我國《動物保護法》也揭櫫飼主對於其管領之動物，必須提供適當、乾淨且無害之食物及 24 小時充足、乾淨之飲水；提供安全、乾淨、通風、排水、適當及適量之遮蔽、照明與溫度之生活環境；提供法定動物傳染病之必要防治；避免其遭受騷擾、虐待或傷害，以及做好繁殖管理與絕育，且不得棄養等規定，農業部也訂有《貓隻飼養與照顧指南》提供各界參考，然而，飼主遇到毛小孩實際飼養問題時，往往亦透過坊間口耳相傳或網路查詢資料，相關資訊或有不完整，或有扞格之處，導致貓隻照顧偶有不當情事發生，疏有遺憾，正確及系統性的飼養照顧觀念就相當重要。

　　欣聞王欣玲理事長等三位具有豐富實務經驗的作者撰寫本書，各自運用多年的飼養照顧、美容及教學推廣經驗，結合本土實際情境，從認識貓隻、照顧貓隻到人貓互動，圖文並茂，深入淺出，提供一本從實務角度貓隻飼養照顧的完整工具書，對於飼養毛小孩的飼主，無論是想要進一步了解喵星人，或想要飼養喵星人的新手或已經有喵星人的飼主，都相當具有可讀性及參考性，希望閱讀這本好書的讀者

們，都能運用正確的飼養照護觀念及方法善待貓隻，愛牠，牠就會張開圓溜明眸默默守護在你身邊。

動物保護司司長　江文全

2024. 仲秋

推薦序二

欣聞王欣玲（小貓小姐）理事長即將出版《臺灣常見飼養貓咪完全教育指南》一書，本人受邀撰序，備感榮幸。

認識小貓是在我初任動保處長時，對於特定寵物業之業務及生態仍處於學習中，小貓給予我許多建議及幫助，尤其當特定動保議題延燒時，小貓給予很多良善建議。後來慢慢發現小貓在喵星人領域真的投注很多人力、物力、財力，且持續不斷精進自己，在喵星人營養、行為、美容等方面皆取得極佳的成果及認證。特定寵物業者大部分選擇經營營利事業，選擇利用畢生所學成為專業講師少之又少。

持平來說，特定寵物業算另類動保團體。在《動物保護法》嚴格約束之前提下，若缺乏愛護動物的理念及友善的設施極易觸法且會面臨到高額的行政罰鍰，甚至被市場機制淘汰。

現今社會動物保護議題高漲，是先進文明社會的體現。小貓能以自身所學，為正在飼養喵星人的民眾，提供了一本深入淺出、淺顯易懂的讀物。讀物為讀者提供喵星人各面向之解析，讓躊躇不前的潛在飼養者勇於成為一個 cat person。相信這本讀物對於想要全面了解喵星人的讀者是非常有幫助的。

桃園市政府動物保護處處長　王得吉

2024. 霜降

推薦序三　愛與責任的開始

　　貓咪是臺灣社會許多人生活中的陪伴者，牠們柔軟的身影和溫暖的依偎為我們的日常增添了無數歡樂，然而，飼養貓咪並不只是簡單的餵食和照顧，還包含了對生命的深刻承諾。隨著養貓家庭在臺灣疫情後逐年增加，我們也看到許多因認知不足而造成的飼養困難或遺憾。因此，了解貓咪的需求、行為習性，以及如何給予牠們最佳的照顧，成為每一位飼主的重要課題。

　　臺灣作為一個愛貓的國家，不僅擁有便利的寵物資源，也逐漸形成了對動物友善的文化氛圍。然而，在充滿愛心的背後，仍需更多對飼養知識的普及，以減少因誤解或不當飼養帶來的問題。此書透過多位專家的學理知識與經驗幫助每位準飼主或現任飼主全面了解飼養貓咪的要點，從選擇適合的貓咪到建立良好的生活習慣，從健康管理到行為教育，讓每一隻貓咪都能擁有快樂、健康的生活。

　　希望透過這本指南，傳遞的不僅僅是飼養技巧，更是一種對生命的尊重與愛護。養貓是一段美好的旅程，牠們教會我們包容與耐心，並給予我們無數的美好時光，我們能回饋牠們的是負責任的照顧與真心的陪伴。希望每位讀者都能從中受益，與自己的貓咪共同創造幸福的生活篇章。

社團法人中華獸醫師聯盟協會會長　王馨文

2024.12

作者自序一

這些年，無論在任何場合，公開講座或授課過程中，我必定會花些時間講述關於動物五大福利的真諦及寵物對我個人而言的定義。

「寵物」顧名思義，是拿來寵的⋯⋯而對我而言，寵的定義是「了解牠、理解牠、懂得牠的需求、尊重牠的行為表現」。

除了提供基本的食醫住行育樂美相關的生活所需，更應該真正的了解關於牠的所有一切。

無論你對你的寵物目前了解的程度有多少，現在起步永遠不會嫌太遲。因此於百忙之中答應受邀撰寫此書，希望能將正確的飼養照護觀念及方式，用更多元的方式傳遞出去，因為對你來說，牠只是你生活中的一部分，但你卻是牠生命的全部。

愛　源自於理解
愛　源自於了解
愛　請以對方為出發點
願世界上所有的生命 都能受到正確的對待。
願本書能幫到更多的飼主，及所有的毛孩子們。

Angel Wang　小貓姊　王欣玲
2024 年　秋

作者自序二

在這個充滿愛與溫馨的寵物時代，我很榮幸能夠成為一名寵物美容師，並將這門藝術與愛心結合的職業，作為我終生的追求。從我拿起第一把美容剪的那一刻起，我就知道，我選擇了一條充滿挑戰與愛心的道路。30 年過去了，我從一名初出茅廬的愛好者，蛻變成為一名資深的寵物美容師。這段時間裡，我見證了無數寵物的變身，也陪伴著無數學員走過了他們的美容師之路。然而，近年來，我發現了一個有趣的現象——貓的崛起。這個溫馴而獨立的小動物，逐漸成為人們心中的寵兒。貓咖啡館的興起、貓展的盛大舉行，以及貓主人對於貓美容與照護的關注，都讓我意識到，這個時刻，我們需要一本專門針對貓美容與照護的專業指南。

從事寵物美容這麼多年，我深知這不僅僅是一項技術，更是一種對生命尊重與熱愛的體現。每一次為寵物做造型，每一次教學指導，我都在傳遞著這份對生命的敬畏與對美的事物的不懈追求。

因此，我決定寫這本書。這不僅是我個人經驗的總結，也是對貓美容此一新興領域的深入探索。書中將涵蓋從基礎美容技巧到專業證照考取的教學輔導，並專門針對貓的特殊需求進行培訓。

本書旨在分享我多年來的經驗與心得，不僅包含了寵物美容的基本技巧與實踐操作，更關注於教學輔導與證照考取。我深知許多對寵物美容充滿熱情的同好，都在尋找一個可以系統學習、實踐與提升的平臺。因此，我將自己的經驗整理成冊，希望能夠為有志於此的朋友提供一個參考與學習的機會。

寫這本書的初衷，是希望能夠幫助那些對貓美容充滿熱情的朋友們，讓他們能夠在這個快速發展的領域中找到自己的定位。我相信，透過這本書，讀者能夠學習到如何將對貓的愛轉化為一門專業的技能。

在這個貓的時代，讓我們攜手共進，不僅要為貓咪們打造出美麗的外表，更要給予牠們最適切的照護與愛護。這本書是我對貓的熱愛與對美容師這一職業的貢獻，希望它成為你們夢想之路上的引路人。

郭秀娟

作者自序三

　　各位讀者朋友，大家好！我是張維誌，長期從事寵物相關的技術教學並致力推廣人寵共融新篇章，對於犬、貓的身心健康有深入的研究與實務經驗。《臺灣常見飼養貓咪完全教育指南》是一本集結權威專家、職業深耕者以及大專教師專業知識，不但從培育者、管理員、飼主的角度，以及特別針對貓咪觀察與照護心得的作品，也希望能成為各位在飼養過程中的實用工具書。

　　我常說：「貓咪是一位獵人，普遍認為是神祕又高冷的動物，常常讓我們感到困惑，但同時也讓我們深深著迷。」近年來臺灣的飼主們越來越多選擇貓作為家庭夥伴，然而，我發現許多飼主對貓的理解仍然有待深入，尤其在生活習性、心理需求及健康管理方面。許多人認為貓獨立、不需太多關注，但事實上，貓咪的敏感與精細的情感反應，讓喵星人也透露出需要更多的關心與適當的照護。

　　在這本指南中，從貓的品種與本能行為入手，解釋如何根據貓咪的自然習性來提供最適合的生活環境，這些細微的習性往往在日常飼養中被忽視，導致貓咪出現行為問題或身心困擾。我們不僅要了解貓的習慣、毛髮照護等基本需求，還要深入到貓咪的內心，理解牠們的情感世界。此外，希望透過這本書幫助飼主們在貓咪的日常生活中做好管理，更能讓大家在飼養貓咪的過程中學會如何更加細心地觀察、了解這些獨特的動物。

　　貓咪的每個細微動作、每次輕柔的喵喵聲，都在傳遞著需求和情感，而身為飼主的我們，正是喵星人最重要的依靠。讓我們給予愛貓溫柔照護的同時，也讓我們一起創造出一個讓貓咪安心、快樂成長的健全環境。

張維誌

Autumn, 2024

MEMO

Contents / 目錄

第一章

與貓相遇

　　與貓相遇是種獨特而美妙的經歷，每一隻貓都有自己的故事以及其獨特的性格。無論是收養一隻流浪貓、從朋友處領養，還是從寵物店選擇，每次相遇都標記著一段新關係的開始。

　　貓咪以其獨立而神祕的性格吸引著人們，但牠們同時也需要關愛、理解和照顧。初次與貓咪的相遇，飼主除了需要耐心地觀察和了解牠們的需求和行為，也因為科技日益進步而創造一個安全和舒適的環境，讓貓咪感受到家的溫暖。

　　每段相遇不僅是貓咪生命中的一個重要轉折點，也是飼主生活中一段值得珍惜的旅程，飼養的過程將帶來無數酸甜苦辣歡樂和溫馨的時刻。透過與貓咪建立深厚的信任和友誼，飼主和貓咪將共同分享彼此的生活，並在相互陪伴中成長。

第一節　臺灣常見飼養貓的品種

一　短毛（short hair）

㈠　孟加拉貓（豹貓）

活動需求
★★★
★★

　　身上透露著野性的豹紋而得名豹貓，貓如其名，活動力超好，智商又高，再加上擁有發達精壯的肌肉，雖然如同一隻小豹一般充滿著野性美，但豹貓卻超級親人，對其他小動物也是接受度超高。

特點：不掉毛、毛髮厚實柔軟和不怕水。

缺點：食量很大、活力充沛、過動，易產生破壞等行為。

外型特徵：頭型與臉部特徵。

頭型：長度大於寬度，使得頭型呈闊的楔形，按身材比例顯得頭部有點小，但不是極端的小。

五官：圓眼睛、明顯的鼻子、明顯的下巴和嘴邊肉、耳朵尖、基部較寬。

身型與身體特徵：長型但不屬於纖細型、精實的肌肉，呈現出野性美，成貓體重約3～5公斤。

個性：活潑好動、活動需求強、聰明、不怕生。

好發疾病：肥厚性心肌症。

(二) 美國短毛貓

活動需求
★★★★☆

　　優雅協調的比例，讓美國短毛貓一直深受喜愛，特別是身上的螺旋紋，彷彿一顆寶石鑲在身上般高雅。美國短毛貓身強體壯，是新手最好上手的貓種。

特點：學習力佳、隨和沉穩、適應力很好，身上有螺旋紋，額頭有 M 字紋。

缺點：容易肥。

外型特徵：如長方形的線條型比例，頭部、肩膀、腹部、髖部的比例相當勻稱，如寶石般的螺旋紋爲其特色，結實有肌肉、胸部厚實。

頭型：具有飽滿的臉頰，臉的長度微微比寬度大一點，額頭有 M 形花紋。

五官：又大又寬，上眼皮的形狀好像半個杏仁，下眼皮的形狀呈現完整的圓形曲線，兩眼間距至少有一個眼睛的寬度，中等長短的鼻子，下巴強壯較長，耳朵呈中等大小。

身型與身體特徵：體型中等，骨骼粗壯，肌肉發達。

個性：活潑、好奇心強、友善。

好發疾病：肥厚性心肌症。

㈢ 英國短毛貓

活動需求
★★★

　　因符合大家的審美觀——圓，而使英國短毛貓深受歡迎及喜愛，無辜又圓滾滾的大眼睛，搭配上渾圓豐滿的身材，可愛著實在英國短毛貓身上展現得淋漓盡致。

特點：溫馴、好奇心強、活潑開朗。

缺點：聽力很容易存在缺陷、有遺傳心肌方面疾病。

外型特徵：以圓為身型特徵，包子臉更是讓人忍不住掐幾下，身體渾圓豐滿，也是讓人忍不住上手撫摸牠。

頭型：圓臉、圓臉頰、圓口鼻區。臉頰到鼻口的輪廓很柔順，沒有明顯的起伏。俗稱肉包臉、包子臉，又因為公貓的臉會發腮，所以會更圓，又常被人稱之為公貓臉。

五官：耳朵基部寬、兩耳間距稍寬，大而圓的眼睛、兩眼距離稍寬。各種眼睛顏色都有可能，可能是藍、黃銅或綠色。

身型與身體特徵：幾乎沒有脖子，身體粗壯，尾巴微圓偏短。

個性：沉著穩重、聰明、對動物及人友善。

好發疾病：多囊性腎臟病、肥厚性心肌症。

㈣　異國短毛貓（加菲貓）

活動需求
★★

　　俗稱短毛波斯，大大圓圓的眼睛，扁扁的臉蛋，傻呼呼的呆萌表情讓人情有獨鍾！70 年代的加菲喵星人，是一部美國漫畫，主角加菲是一隻橙色的喵星人，因而得名加菲喵星人。

特點：文靜、親切，能慰藉主人的心。

缺點：淚腺較短，比較容易流眼淚。

外型特徵：有貓界法鬥之稱的加菲，透露出與法鬥一般的外型，像被人爆揍過一樣的扁臉，是加菲最為明顯的特徵。

頭型：寬闊的額頭，圓圓的臉，側面呈顯數字「3」的形狀，擁有小巧且扁的鼻子。

五官：圓眼睛，耳尖偏圓，耳朵微微前傾寬闊立於兩側，扁鼻。

身型與身體特徵：四肢粗壯看起來好像沒脖子，尾巴偏圓且短，與英國短毛貓很相似。

個性：安靜慵懶，活動需求低，聰明不神經質。

好發疾病：多囊性腎臟病、肥厚性心肌症、呼吸困難、面部皮膚發炎、眼瞼發育不全。

㈤ **暹羅貓**

活動需求
★★★★

　　獨特的重點毛色來自於隱性的腳、耳以及臉部特徵，會因為季節氣候而轉變毛色，故有貓界變色龍之稱。為什麼暹羅貓們的面部、四肢、耳朵及尾巴顏色通常較深？因為這些地方的皮膚溫度較低。大部分的暹羅貓通常夏天也偏奶油色，冬天會變成巧克力色！越冷越黑暗！且隨著年齡增長越老越黑。不僅活力十足也喜歡跳上跳下，是活潑愛玩的貓咪類型，如同豹貓與阿比西尼亞貓。

特點： 個性跟狗狗很像、黏人、四肢纖細修長、智商高容易訓練、善解人意。

缺點： 視覺缺陷、話很多。

外型特徵： 線條型的高雅外型，再加上臉部深色的特徵，透露出神祕的氛圍，四肢纖細修長，如同貓界模特兒般的氣質。

頭型： 整個頭呈現倒三角形，臉部線條平順、額頭平坦不突出，額頭到鼻子的線條相對其他品種貓咪更為平順。

五官： 杏眼、藍眼睛，耳朵基部寬，呈三角形。

身型與身體特徵： 整體與四肢修長、肌肉精實、骨頭及面部細緻，尾巴亦屬細長型。

個性： 聰明、活潑、親人、黏人並愛講話。

好發疾病： 肥胖、泌尿道結石、視力缺陷。

(六) 俄羅斯藍貓

活動需求
★★★★

　　全身如同藍寶石般的毛色，霸氣又帶著可愛氣息，總散發出與眾不同的高貴氣息！翠綠色大眼睛，如同綠寶石般耀眼又高貴。上揚的嘴角，看起來總是面帶笑容，如同貓界的貴族公子。

特點：好訓練、性情溫和友善、活潑開朗。

缺點：天性精力充沛，容易造成牠的挫折與憂鬱、破壞家具等問題行為。

外型特徵：線條型的貓種，但肌肉精實、骨頭細緻，且因毛厚所以看起來是厚實的身型。

頭型：擁有七個水平面的楔形，包含鼻尖到下巴、鼻尖到額頭、頭頂、兩側的鼻口區、兩側的臉頰骨。

五官：耳朵基部的寬度約等於耳朵高度，擁有圓滑的耳尖，藍綠色眼睛，耳朵基部的寬度約等於耳朵高度，擁有圓滑的耳尖，微笑上揚的嘴角，灰色的鼻子。

身型與身體特徵：細長的身型、肌肉精實、骨架細緻，雙層型的短毛。

個性：聰明具好奇心，對周圍的變動較為敏感，活動力需求高。

好發疾病：沒有什麼明顯的遺傳疾病、尿路結石。

二 長毛（long hair）

㈠ 緬因貓

活動需求
★★★

　　有「溫柔巨人」之稱，是受歡迎的貓種，極其霸氣的外表下，其實超黏人還帶奶娃聲，是外向、社交型品種，性情友愛仁慈，具敏銳智力。大多數緬因貓具高度可訓練性，比如可以很容易地教會牠在一根線束上行走。也常被稱為霸道總裁。

特點：活動量很大、溫柔的巨人、最大的家貓、個性很穩重、聰明易訓練。

缺點：掉毛量極大、話很多、成熟期較一般品種晚。

外型特徵：如同老虎的外表，散發出不可接近的氣息，大大的「圍脖毛」和長長且毛茸茸的大尾巴，讓緬因貓更為貴氣與威嚴。

頭型：上寬下窄的楔形頭部，偏長臉，有厚實的嘴套並呈四角形。

五官：接近橢圓眼，眼大、眼距稍寬，各種眼睛顏色都有可能。大耳朵且耳朵基部較寬，耳朵尖有簇毛。

身型與身體特徵：骨頭與肌肉組織強壯。軀幹大且長，胸膛寬闊。四肢中等，身體呈正方形，屬大型貓種，有些緬因貓有六根腳趾，是寵物貓裡最大型的貓。

個性：聰明穩定、溫柔、親近人及小動物。

好發疾病：髖關節問題、心臟病、泌尿道疾病、多囊腎病、糖尿病、脊髓性肌肉萎縮症。

㈡ 布偶貓

活動需求
★★★☆

　　有著「仙女貓」之稱的布偶貓，是一個擁有溫馴性格和可愛外貌的品種，外表夢幻又帶著可愛，擁有完美的身材比例，又是眾所皆知的超友善個性。抱著布偶貓看著牠時，整個畫面充滿粉紅泡泡，就連硬漢也都會被牠融化。

特點：活潑好動、非常聰明、適應力很好、溫馴性格。

缺點：掉毛量極大、話很多。

外型特徵：擁有「完美比例」的布偶貓，不管是頭身比例、五官、體型都很平衡，最與眾不同的特色是在牠的「外毛質地」與「色塊分布」。

頭型：對稱寬廣的楔形。楔形的兩邊，外側耳根到嘴套的弧線長度相等，雙耳之間平坦，雙頰的線條呈楔形，下巴健壯發達，與鼻子和上嘴唇在一條直線上。側面輪廓有適當的弧度，末端是筆直且中等長度的鼻子。

五官：橢圓形眼睛，深不可測的藍色，眼距寬、外眼角一點上揚，耳朵中等尺寸，耳距適中且適度向外張開，耳根寬、耳尖圓、微微向前傾。

身型與身體特徵：寬闊結實，大且長的骨骼，外型趨近於長方形，擁有飽滿的胸部和對稱寬度的肩膀以及臀部，身材健碩、肌肉發達，但並不肥胖。

個性：性格平易近人、溫順、善於交際很熱情。被抱起時能非常放鬆因而得名。

好發疾病：肥厚性心肌症、腎結石、泌尿道感染和多囊性腎臟病。

㈢ 異國長毛貓（波斯貓）

活動需求

★★

　　與加菲貓的差別就只是毛的長短不同，2D 臉孔、圓滾滾透著高傲的大眼睛，再加上夢幻的長毛，總是散發著極致的可愛和優雅、雍容華貴的貴族氛圍。有「貓中小王子」之稱，性格上比較內斂、安靜，讓所有愛貓的人都喜愛不已。

特點：適應力很強、個性平和、對每個人都很友善。

缺點：掉毛量極大、不愛高度耗體力的運動。

外型特徵：符合人類對於「可愛」的想像，追求極致的大頭、大眼、渾圓，具有優雅奢華感的長毛，身型非常均衡，較短的身型搭配稍短的腿和尾巴，毫無違和感。

頭型：平滑的額頭，側面看其額頭、鼻子、下巴的連線剛好呈直線。

五官：大大的圓眼睛、小小的圓耳朵、短而扁的鼻子，長度和寬度相等。

身型與身體特徵：身型較短且圓潤、相對較短的腿，主要是因為肌肉及骨頭較厚實造成，而非肥胖。從肩膀到臀部這短短的厚實身軀如同「方形磚塊」，寬度都一樣，就像卡通哆啦 A 夢的體型。猶如絲綢般柔軟蓬鬆而豐厚的毛髮，讓其成為夢幻的貴族貓。

個性：波斯貓走貼心、溫和路線，非常親小孩，只是不喜歡很喧鬧的玩樂，屬於非常溫柔和體貼的類型。

好發疾病：短吻呼吸道症候群、多囊性腎臟病、眼部疾病、肥厚性心肌症。

(四) 挪威森林貓

活動需求
★★★⯪

　　「森林之王」與「溫柔巨人」長得非常相似，所以常有人把這二種貓搞混。挪威森林貓有著豐滿的身軀、華麗的長毛、沉著的性格以及體型大而優雅的特點，外表也和緬因貓一樣有著相同霸氣，也會給人一種難以靠近的高冷感，常常被說很像神話裡的妖精。

特點：勇敢果斷、友善親人、好奇心旺盛、聰明、社交性好、活躍好動、適應力強。

缺點：掉毛量極大、不愛高度耗體力的運動、洗澡時毛不易打溼。

外型特徵：體大肢壯、鬆軟的半長毛、直挺的鼻梁、杏仁眼，碩大至中等的體型，十分強壯。腿修長，搭上中等長度、呈方形的身軀，後腿比前腿略長，並有強壯的肌肉和骨架。

頭型：正三角形，測量方法是由兩耳外側的相隔距離及耳外側至吻部的距離，三邊等長。

五官：側面輪廓（鼻梁）長而沒有中斷，並有強壯下巴。杏仁眼且大，並呈眼角斜向。

身型與身體特徵：似羊毛的濃密底毛，尾巴如狐狸，其長度接近體長且擁有非常長的毛髮，蜷縮著休息的時候可以保暖，是一種大型至中大型的貓品種。

個性：性格內向、獨立，聰穎敏捷、能抓善捕，機靈活潑，行動謹慎，喜歡冒險，善爬樹攀岩。

好發疾病：醣儲積症。

㈤ 西伯利亞貓

活動需求
★★★☆

　　戰鬥民族的後裔，西伯利亞貓是俄羅斯最古老的貓咪品種，強壯的身體使牠具有與生俱來的威嚴感，性格經常被說成有點像狗狗，也是不怕水的貓種之一，因屬寒冷地區的貓種，所以毛量也非常厚多，不僅身體，就連尾巴也是毛茸茸的，走路時如同雞毛撢子一樣豎立起來。

特點： 高度適應力、溫和穩重親切、沉穩安靜、很好馴養、很有魅力。

缺點： 掉毛量極大、不愛高度耗體力的運動。

外型特徵： 骨骼強健，肌肉有力，全身上下都被長長的被毛所覆蓋，和緬因貓一樣，連頸部周圍都有一圈厚厚的毛圍巾，濃厚而有光澤的皮毛十分華麗。

頭型： 短而寬，上額平坦，過渡到寬而直的鼻子。

五官： 大大的圓眼睛、毛茸茸的耳朵，鼻子寬而向鼻尖逐漸變小。

身型與身體特徵： 蓬鬆、中等長度、顏色各樣，且可遮風擋雨的毛髮，使身體呈圓桶狀，結實而沉重，屬最大型的貓之一。

個性： 西伯利亞貓機靈而活躍，性情平易近人，很有魅力，保留了體內的野性，激發其狩獵本能，需要主人耐心和努力經營彼此的情感。

好發疾病： 肥厚型心肌病。

㈥ 安哥拉貓

活動需求
★★★★

　　土耳其洋溢著異國風情，源於此地的安哥拉貓同具自由奔放的個性與獨特魅力。活動力強，高貴姿態深受歡迎，是最古老的長毛品種之一，卻因沒辦法配合人類老是被關在屋裡，而有「脾氣火爆者」的稱號。

特點：性格溫和、舉止端莊優雅、動作敏捷、獨立性強。

缺點：掉毛量極大、咬合不正。

外型特徵：Ｖ字形的臉，耳朵很大、耳根寬，越往末端越細，身體和四肢都細長，如此優美的線條，散發出高貴氣息。

頭型：小到中型皆有，呈現修飾過的楔形，頭蓋骨頂端中等寬度，扁平且長，平滑漸細直至頜部。

五官：眼睛為漂亮的杏仁狀，略微朝上傾斜，根部寬大，高、尖，且呈穗狀，高高直立於頭部。

身型與身體特徵：體態優雅，被毛絲滑柔軟，毛色多樣，是深受喜愛的品種貓之一。長度中等的尖楔形頭部，杏仁狀的大眼睛，耳朵大而尖，帶有耳簇，彷彿落入凡間的天使。四肢及脖子修長，帶著優雅的模特兒身型。

個性：聰明的安格拉貓，適應力極強，活潑且友愛，個性強大獨立且自信，不喜歡單獨生活在家裡，需要主人更多關注。雖然安哥拉貓對別的寵物相當友好，但強勢的個性，會成為家中的老大型態。

好發疾病：腸胃疾病。

三　捲毛（curly hair）

(一) 塞爾凱克捲毛貓

　　貓版的貴賓狗 —— 塞爾凱克，又被暱稱為「羊毛貓」，原因是擁有自然捲的毛髮，如同披著羊皮的貓咪一般，摸起來也是鬆鬆軟軟的，十分討喜。這些蓬毛從頭捲到腳，甚至連鬍鬚都是 Q 起來的，遠看真的很像絨毛娃娃。

活動需求
★★★★☆

特點：非常有耐性，性格沉穩不急躁，對其他動物很友善，有超強的記憶力和學習力、時間觀念很強、體態勻稱、生氣勃勃。

缺點：需要適度整理毛髮。

外型特徵：貓界的貴賓狗就如同貴賓狗一樣，擁有從頭捲到腳的天生自然捲毛，而且非常柔軟呢！

頭型：有一張「小精靈」模樣的楔形臉。

五官：圓滾滾的大眼睛，渾圓明亮。

身型與身體特徵：擁有多種顏色，鬆捲的被毛在頸項周圍、腹部尤其明顯，是為最鮮明的特徵，毛髮濃密豐厚，背部被毛則較平直；貓鬚也呈捲曲狀，脆弱易折斷，呆萌又有自然捲，像極了在草地上的小綿羊呢！

個性：塞爾凱克捲毛貓時而淘氣、時而悠閒、時而可愛俏皮的性格是一大魅力，因而有「貓版貴賓狗」的稱號。具有能動能靜的特質，時間觀念極其佳，作息非常有規律！聰明又性格冷靜不急躁，對於人類及其他物種也很友善哦！

好發疾病：皮膚疾病，需注意毛髮護理。

㈡ 德文捲毛貓

活動需求
★★★
★↗

　　有著貓的外型、狗的性格，又名「德文帝王貓」，以大耳朵與捲毛聞名，養一隻德文捲毛貓就如同養了三隻貓的三倍幸福，其獨特的性格魅力和與眾不同的外貌，吸引了無數人的心。因而有「妖精貓」、「外星貓」、「貴賓貓」等稱號。

特點：善交際、精力充沛、情感豐富、善於用聲音表達、愛玩耍、不易掉毛。

缺點：需要適度整理毛髮、咬合不正。

外型特徵：動畫電影《馴龍高手》裡的小黑龍沒牙，就是德文捲毛貓，大耳朵與捲毛為其最大特徵，大眼加上短嘴套配上凸出的顴骨，如招風耳般的耳型，使其看起來像靈巧的精靈一樣。出名的 ET 也是以德文貓為原型哦！

頭型：楔形臉、顴骨寬、巴掌臉大小，類似鑽石的形狀。

五官：讓人印象深刻的橢圓形大眼睛、如同精靈般的大尖耳，彷彿外星貓。

身型與身體特徵：體型小，四肢纖細且長，但充滿力量，加上尖耳大眼，如同優雅的精靈，跟貴賓狗一樣全身覆蓋著柔軟捲曲卻不易掉落的毛髮。

個性：不害怕接觸人類，個性很親人，聰明且好奇心強，善於觀察和學習，容易訓練，淘氣，興奮、高興的時候甚至會像狗一樣搖尾巴，與其說牠們是貓，不如說牠們有著貓的外表、狗的性格。

好發疾病：禿毛期（2～3 個月大）、腸胃問題。

四 無毛（hairless）

斯芬克斯貓（無毛貓）

皮膚皺褶似羚羊皮的就是斯芬克斯貓，也有人直接稱牠無毛貓、埃及貓，事實上牠們並不是真的無毛，而是身上有一層短短的細毛，電影《魔戒》裡的「咕嚕」就是以此為原型唷！

活動需求
★★★
★★

特點：非常友善、智商非常高、頑皮、對主人忠誠、不掉毛。

缺點：需要適度整理皮膚、易堆積油脂。

外型特徵：外貌與古埃及神話中的怪物「獅身人面斯芬克斯」相似，因而得名「斯芬克斯貓」，頭部、四肢、尾巴和身體末端部位僅存絨毛，其他部位皮膚無毛，也沒有鬍鬚，身上短短的細毛，像一顆桃子般。

頭型：如同《魔戒》電影裡的咕嚕，圓形輪廓的楔形，長度略大於寬度。有很明顯的臉頰骨，眉頭有著可以夾死一隻蚊子的皺紋。

五官：帥氣的上吊「檸檬眼」，呈現出凶狠的眼神。

身型與身體特徵：連鬍鬚都不會有的無毛特徵，中等體型，體格修長、肌肉發達，皺皺的皮膚，看起來就像個小老頭般，直立向上的大耳朵，明顯的臉頰骨與口鼻，卻有著莫名的吸引力。

個性：凶狠的眼神與有魄力的皺巴巴皮膚，會使人覺得外表高冷威風，實質卻是內在聰明、愛撒嬌、友善親和，活動力十足，智商非常高，可迅速精準的捕捉獵物，也很適合訓練技能，如握手、跳高等。是活潑好動、社會化程度高、甚至黏人的貓種。

好發疾病：肥厚性心肌症、皮膚保養，需注意保暖。

第二節　正確的飼養環境配置

　　天生「傲嬌」的貓貴族，對於生活品質要求甚高，熟悉且有安全感的環境相當重要，所以當環境改變時，相對於其他寵物較難適應，了解貓咪的習性，排除潛在的危險，進而建立出適合貓咪生活的環境，才能讓貓主子生活在一個安全、舒適又開心的環境。

 貓咪友善的家

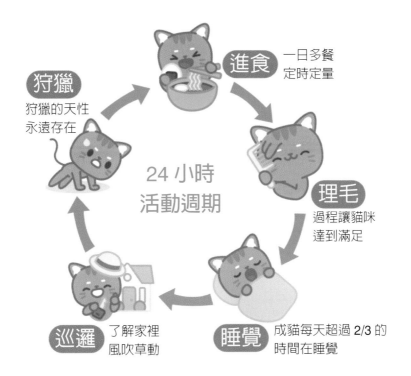

　　以完整考量毛孩天性及需求為設計方向，再搭配飼主的生活習慣，規劃出以寵物與人使用為出發點的友善環境。為滿足貓每天對氣味標記及巡邏的需求，建議在室內環境安全的情況下，任其於居家環境中自由活動。潮溼的廁所或有危險性的廚房，則可因每戶人家的設備環境不同，考慮是否開放其進入。

　　若將居家範圍畫出一個同心圓，最內圈的核心區域適合規劃為睡眠休息區，第二圈為放飯區，第三圈為狩獵區域，最外圈為廁所、巡邏的區域，若居住環境無法

依以上方式規劃，亦可作為基本參考，自行進行區域劃分。

㈠ **牆面設計貓跳臺，將遊戲區結合收納設計**

　　受天性影響，貓本身是獵人，也是其他物種的獵物。因長期演化出於高處坐等狩獵的習慣，所以喜歡身處高處環顧四周，也擅長攀爬，生活習慣是向上的 3D 環境，貓跳臺的設計，就是讓貓能跳躍、躲藏、隱蔽、穿梭，融入完美居家設計，既有居家視覺裝飾性，也能擴充為貓咪遊玩區。

㈡ **貓的獨處空間，無拘無束的自由遊玩空間**

　　運用收納櫃、層板添加高低變化，打造成與貓共享的獨處活動空間，因為領域的天性，除了重視隱蔽性，也能成為貓熟悉的固定角落。巧妙結合日常系統收納櫃，創造寵物與屋主都能共享的空間。

㈢ **跳臺與貓的吊床**

　　可透過居家對外窗或落地窗能夠觀察對外環境之設計結合玻璃展示櫃的方式，將貓跳臺、貓窩整合在一個空間裡，在收納櫃上面挖幾個洞，鋪上軟墊就可以讓貓咪舒適躲藏，也可以變成貓窩，吊床的設計可讓貓咪在高處休息，讓屋主看得到愛貓，但又賦予牠們舒服的距離感。

㈣ **規劃寵物專屬活動空間**

　　貓房的概念，是讓貓咪擁有自己的房間。飼主與貓咪各有各的生活空間，不但讓貓咪活動空間變成居家設計的亮點，也能減少貓咪抓咬沙發、家具的機會。

㈤ 適合的地墊配木地板

　　安全也是須考量的重點之一，耐刮、耐磨的木地板，除視覺上舒適外，表面凹凸的紋理，對貓咪來說也有止滑效果，飼主赤腳踩踏或席地而坐也會很舒服，養貓家庭切記不得使用巧拼地墊，因常會發生貓咪誤食碎屑而送醫之案例。

第三節　養貓一定要具備的用品

　　貓給人的氛圍就是高貴、傲嬌，所以飼主都會想要把最好的東西買給貓咪，但什麼才是最適合的呢？哪些是必備的選配物品？

一　合適幼貓的物品

　　幼貓在好奇心驅使下，常常會把家裡當狩獵場，跑來跑去、躲東躲西，所以家裡潛在會對其造成危險的東西就需要特別收起來，如容易誤食吞入之線狀物及小型圓球狀物體，建議將無法觀察到之沙發或床的下方空間先做阻擋設計，而利用貓窩或貓屋當成其休息躲藏處，可避免許多問題發生，也降低風險。除了整理幼貓的環境安全外，提前購買貓咪所需用品也是必要的。

㈠　貓砂、砂盆

　　在眾多的貓砂裡，有礦砂、木屑砂、豆腐砂、紙砂、水晶砂等，令人眼花撩亂，不知該如何選擇，其實可以先從幼貓原本生活裡所使用的砂種開始，而每一種貓砂都有對應適合的貓砂盆。

　　若不知新成員原先使用或適合哪種類型之貓砂，可居家完成簡易的貓砂測試，利用數個相同大小的廢棄紙箱，分別裝入不同款式的貓砂，經過一段時間觀察其所選定或喜歡的貓砂材質後，就可選定作為以後使用的貓砂喔！別用自己方便及喜歡的材質，而是要讓毛寶貝們選擇自己喜歡的材質，避免因喜惡導致長期憋尿及不當大小便的習慣，導致泌尿道疾病或造成飼主困擾。

　　另外，貓砂盆的挑選也是大有學問！一般建議挑選之長度需大於貓咪身長之1.5 倍，無頂可讓氣味快速散出不悶在廁所內，材質部分建議挑選好清洗、不會因長期使用留下刮痕滋生細菌之材質，高度部分需視貓隻體型挑選，若家中有幼貓、老貓或罹患關節疾病之貓隻，則建議不要太高，或選擇一側設有低矮出入口，方便其進出的款式，可降低不去廁所四處便溺等情況。貓砂鋪設的高度至少需 5～8 公分，不讓尿液直接與砂盆底部沾黏。因貓的嗅覺細胞功能是人類的 4 倍，每日早晚

2 次清理尿液及糞便不留下味道，每週將貓砂全部更新並澈底清洗一次貓砂盆，則是一定要完成的事，考量以上需求後，就可以打造一個貓皇們喜歡的廁所囉！也讓貓皇們每天能重複進入砂盆、挖砂、轉圈、蹲下、排泄、掩蓋，完成日常都要進行的貓生大事！

寵悠悠 U.U PET 授權提供

㈡ 貓床、貓窩

貓咪的一天，睡覺占了最大部分的時間，貓咪是所謂的「晨昏型動物」，主要的活動時間，集中在黃昏、半夜和清晨，其他時間多半處於睡眠休息的狀態。成年貓約需睡 13～16 個小時，小貓及年老的貓隻更有可能超過 16 小時，牠們會運用睡眠累積大量精力，在等到獵物進行追捕時，一次釋放大多數的精力。

其實貓的睡眠亦分為慢波睡眠及異相睡眠兩種，於慢波睡眠狀態中，貓皇並非真正進入睡眠狀態，對四周環境、聲音及外界變化還是能夠接收，也就是像人類閉眼休息的狀態，當進入異相睡眠時，才是真正進入夢鄉，此時可能產生快速動眼、吐舌、吸吮等類似做夢般的表現，才是真正澈底熟睡的狀態，一天只出現 2～3 次不等，每次的時間都非常短暫，平均是 3～5 分鐘，當你發現毛寶貝進入深度睡眠時期，雖然有時模樣滑稽，但此時不宜打擾喔！因為在深度睡眠中驚醒後的驚嚇指數會飆高，不利於毛寶貝身心發展。

一般居家選擇貓床的考量，都是讓其感受到極大的安全感為主。包覆貓咪身體、尺寸剛剛好、根據貓咪喜好挑選，都是選擇貓床或貓窩時要考量的重點。但有時「奴才」的用心可能並不會受到「貓皇」喜愛，牠們還是會根據自己的喜好，在

居家核心區域挑選固定的 3～5 個睡眠處，貓奴們可觀察其固定睡眠處放置挑選好的貓窩，讓其睡得更加舒適。

(三) 貓吊床

現代人居住環境限制無法上釘，貓咪又有喜歡居高臨下的生活習慣，兩相衝突下，貓吊床會是現代人或租屋族最好的選擇。開放性的設計可同時作爲貓跳臺及貓窩使用，安裝於室內牆面玻璃窗或落地窗上可看到戶外風景的位置，不僅可讓貓咪欣賞窗外景色、觀察戶外動態景觀、享受晨昏四季的變化，也能提供充足的日照，讓貓咪享受溫暖的日光浴。

㈣ 貓跳臺

　　配合貓咪喜歡爬至高處俯視眾生的習性，購買一款結合貓窩的貓跳臺，便是滿足貓咪登高望遠需求的最佳選擇。跳上跳下的多層平臺，讓貓咪能滿足登高及狩獵的天性，也能在充滿安全感的生活空間裡休息。一座設計得宜的跳臺，應符合貓咪爬跳、躲藏、磨爪、休息等需求，並可於上面玩耍。飼主可依照居家環境適合擺設的位置，挑選一座多功能的跳臺。

㈤ 貓抓板

　　磨爪是貓咪與生俱來的天性，藉由貓抓的動作，可以讓貓咪在環境中各個角落留下記號，同時將肉球分泌的費洛蒙氣味沾染上去。此氣味 12 小時便會消失，因此主子每天會重複的無限循環進行標記，磨爪也是貓咪紓壓的一種表現，所以磨爪

對貓咪生活來說有著極重大的意義，若沒有適當的發洩物品，貓咪們就會將沙發、床角等家具作爲抒發的管道。

市售的貓抓板有許多不同造型與非常多樣的材質，有直立型、平面型、貓窩式的，可視每位毛寶貝不同的喜好進行挑選，亦可發揮創意自製。

㈥ 貓抓墊

除了沙發、床墊之外，有些貓咪也喜歡在地毯上磨爪，因此市面上也有推出許多和地毯材質相同的品項，以滿足貓咪不同的磨爪習慣。貓抓墊十分便於貓友們靈活擺設及移動，不論是直接鋪在地上，或是將片狀貓抓織物纏繞在貓咪經常「臨幸」的桌腳、椅柱上，都可達到非常好的使用效果。

㈦ 外出籠

就算是沒有外出的貓咪，也要準備外出籠，因爲在貓生中總會有需要去美容或就醫的時候。貓咪的外出籠不像爲狗挑選這麼簡單，貓咪容易受到驚嚇，貓咪逃跑時是往上跳的，所以如果外出籠被貓咪破壞了，跑出來是非常危險的，因此外出籠最好選硬式的，像是機場在用的寵物運輸籠，因爲布製品或是紙箱都很容易被貓抓破。另外，外出籠需注意通風且非完全透明可視的，意即必須具有可讓其不要完全可視之隱蔽性，有著若隱若現的感覺，便可大幅降低貓咪因外出造成之應激反應與緊張程度。

第四節 飼主不能不知道的貓咪常見行為

　　觀察敏銳的貓族是十分聰明的物種，會觀察人類說話的方式，相應的給出回應，並果決判斷善惡。人們往往無法察覺牠們想要的是什麼，你知道如何觀察牠們是想表達什麼嗎？讓我們一起來認識貓的身體語言。

 常見貓的聲音

聲音	行為	意思
「喵—凹—」	一邊磨蹭你、舉高尾巴	表達意見、需求
「喵！」「喵。」	模仿人類的方式在打招呼	打招呼

聲音	行為	意思
「唔—」	像從喉嚨深處發出來的短促聲	表示好奇
呼嚕呼嚕聲（有頻率）	身體會分泌內啡肽，內啡肽又稱為腦內啡	緩解疼痛、壓力、撒嬌、示弱、感到安心
「嘶！！」「哈—！」喀喀聲響	模擬咬斷獵物脖子的動作	狩獵欲望沒有被滿足
像嬰兒哭聲	母貓發情尋找伴侶的發情行為	發情

聲音	行為	意思
「喵─嗚─」	一邊哈氣，一邊炸毛拱背，耳朵呈現飛機耳	憤怒、痛苦、侵略前兆，最後通牒
嘴型的氣音（無聲）	發出只有嘴型的氣音	撒嬌、表達最高愛意

　　好玩的是，貓對人類的叫聲還在繼續發展中，或許在不久的將來會有更多不同的聲音出現。

二 常見貓的肢體語言

常有人說喵主子是神祕、高冷的，對於喵主子的行為卻一知半解，其實和人一樣，喵主子會使用肢體語言作為一種溝通交流方式，雖然和汪星人不同，但喵主子也有牠們的表達方式，只要用心學習去了解喵主子的語言，將會發現其實忽略了很多令人驚奇的喵主子表達方式。

(一) 貓咪表示「正向」、「親近」的身體語言

1. 貓咪踩奶、踏踏、吸吮

此行為是幼貓在吃奶時，為了讓奶水更多，會用前腳在母貓的乳頭上輕輕地按壓，即便長大後，當舒適或是安心時，就會出現「貓咪踏踏」。

2. 叉腳坐姿

人類在休閒、放鬆時也會有此姿勢，所以當貓出現這樣的姿勢，就代表貓咪很悠哉，處於放空狀態。

3. 母貓貴妃躺

高雅的貴妃躺出現時，代表貓咪正處於全身放鬆狀態，代表貓咪心情很悠閒，正在休息。

4. 公貓四肢放鬆趴著（板鴨趴）

　　四肢伸直、肚子貼地，這姿勢代表貓咪很放鬆或者很熱，肚子貼在地上散熱。

5. 貓咪送禮物

　　貓咪將自己狩獵回來的戰利品送給主人，代表對主人或同伴有著親密的感情，讓貓咪覺得自己處於一個安全、舒適的環境，所以會將帶回的各種「禮物」分享給你。另一個說法是，貓咪認為你是沒有狩獵能力、毫無指望的獵人，所以必須帶回獵物送給你。

6. 磨蹭

　　貓咪霸道地想將飼主身上沾上專屬於牠的費洛蒙氣味，這個氣味 12 小時會消失，所以會不斷地補充，表示你和牠都是屬於你們這個區域的一分子，這是表達愛意和親暱的動作，牠們對你或其他貓咪的好感和親近。

7. 發出呼嚕聲

　　當貓咪感受到安全、舒服或是滿足時，較容易發出呼嚕聲，會發出像曳引機一樣呼嚕呼嚕的聲音。

8. 打滾翻肚皮

是信任、撒嬌、舒服的意思，肚子可是貓咪身上最柔軟、最脆弱的位置，願意讓主人摸摸小肚子，貓咪會非常開心。但貓咪在玩耍時，亦會有翻肚子的情況出現，要小心被貓皇出手抓傷喔。

9. 微張嘴巴

對於某些氣味感到好奇或有興趣的表現，貓咪可透過口腔頂部的「犁鼻器」，來感知、識別環境中的不同氣味，有時會於判斷氣味時產生一些滑稽的面部表情，稱爲「裂脣嗅」反應。

10. 瞳孔呈一直線

貓咪瞳孔縮小呈直線時只有二種可能，一是在大太陽下或光亮的環境中，一是處於悠閒自得的放鬆狀態。

11. 前身匍匐，並且搖動屁股

前身趴低，屁股翹高並左右扭動，是貓咪狩獵的動作，匍匐前進降低暴露位置的可能性，準備突襲。

12. 舔舔你

母貓會舔小貓，因為小貓是需要照顧的，所以當貓咪舔你時，代表貓咪把你當成需要照顧的孩子，想要幫你理毛的意思，這是一個親近的表現。

13. 輕咬

通常會依貓咪的年紀來判別牠們的意圖，幼貓是把你當成玩具，希望和你一起玩耍；成貓通常已經學會適當的社交技巧，如果輕輕咬你，這可能是牠們不想被打擾或需要空間喘息，也可能因為壓力、焦慮或不舒服而咬人。

14. 乖巧坐姿

像人打坐的姿勢，端正坐著，尾巴圍住身體，表示現在暫時不想動或者不想被打擾，處於專注思考狀態。

15. 伸懶腰

前爪伸直，身體往下壓著，屁股翹起來，伴隨著瞇眼，說明貓咪想要放鬆一下，或者拉拉筋骨。

16. 揣手手

　　表示身體很舒服和放鬆，或者是把兩隻前腳揣起來，不想讓你摸肉球，又稱母雞蹲，代表會在這個地方休息待一陣子才離開。

(二) 感到「厭惡」或「身體不舒服」的訊號

1. 尾巴左右拍打或來回甩動

　　貓咪尾巴大幅度左右拍打或來回甩動，表示牠們的情緒處於不爽、激動、生氣的狀態。如果僅有尾巴末端在擺動，甚至表現出不耐煩，就是快要爆氣了。

2. 飛機耳

　　如果伴隨眼睛瞇起來的狀況，就需觀察是否為驚慌、緊張、恐懼、焦慮，代表貓咪沒有安全感，又或者可能是貓咪的身體有病痛，讓牠感到不舒服。

3. 背部及尾巴炸毛

　　貓咪背部的毛髮會豎起，形成一個明顯的背脊狀態，這就是炸毛。這是一種常見的防衛行為，感到威脅或害怕時會發生。炸毛的目的，就是為了讓自己看起來更大、更威猛，以嚇阻潛在的威脅或敵人。

4. 哈氣

像蛇一般的哈氣，意味著牠們壓力大、焦慮或者感到不安，此時牠們進入戒備狀態，再不理會警告，最後就會炸毛，甚至有可能出現侵略的行為。

5. 夾住尾巴

這點和狗就很像，尾巴夾在雙腿間，並且盡可能壓低尾巴的位置，一般是感到恐懼或害怕。

第五節 貓居家生活常見問題

　　當原本生活在原始自然界的貓主子們進入人類家庭中生活時，總免不了產生許多令人感到困擾的問題，這些問題需要許多時間磨合，更需要許多的理解，及人類是否對這個物種天性有所了解。

　　在飼養任何物種時都需要先做功課，避免飼養後產生許多問題，造成不當飼養與棄養的情況。經統計，當貓隻進入家庭中，最常產生的問題如下：

貓隻進入家庭中最常產生的問題

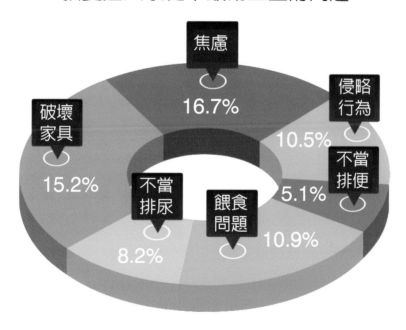

焦慮 16.7%

侵略行為 10.5%

不當排便 5.1%

破壞家具 15.2%

不當排尿 8.2%

餵食問題 10.9%

　　但其實這些問題大多可以透過飼養前的飼主教育、居家環境控管、貓主子完善的社會化教育，及後天正確正向的教導而得到改善，若真有無法透過自身能力改變的情況，請尋求專業人士協助，切勿任由人寵關係破裂。尤其是對貓這個神祕又特殊的物種來說，一旦關係破裂，便很難再重修舊好。

專屬貓用最安全

㈠ 含除蟲菊成分

含除蟲菊成分的除蟲藥劑狗狗可以使用，但如果用在貓身上，卻可能造成貓咪中毒。人類生活中常見的蚊香、電蚊香、防蚊液，成分當中有「除蟲菊酯」、「百滅寧」、「滅白可」，以上都是對貓咪有危害的「菊酯類化合物」。

㈡ 次氯酸鈉（Sodium Hypochlorite）

家裡常見的漂白水、去汙除霉劑都含有「次氯酸鈉」，無論是直接接觸或吸入揮發氣體，都可能導致貓咪中毒。

㈢ 氯二甲酚（Chloroxylenol / Para Chloro Meta Xylenol, PCMX）

氯二甲酚最常用在地板清潔劑和消毒液中。

㈣ 異丙醇／乙醇（Isopropyl Alcohol / Ethanol）

乾洗手常含有的異丙醇，或是大家常拿來清消、含有乙醇成分的酒精。

㈤ 洗衣精

化學洗衣精對貓都有毒，因此洗衣精應該放在貓咪無法直接接觸的地方。

㈥ 人類常用的成藥

人類常用的成藥，包括許多常用的消炎鎮痛藥物，誤食少量就可能讓貓咪中毒，甚至因為中樞神經被抑制而死亡。

二 無毒不代表安全

(一) 茶、咖啡、巧克力、可樂

含有茶鹼、可可鹼、咖啡因等成分的食物。

(二) 口香糖

除因木糖醇（xylitol）中毒外，誤食口香糖的毛孩很可能卡在喉嚨，就算沒有黏在喉嚨裡，也有堵塞腸道的危險性。

(三) 洋蔥或蔥蒜類（包含韭菜、大蒜、紅蔥頭等）

破壞貓咪的紅血球而造成貧血，會導致貓貓狗狗嚴重的溶血性貧血，同時辛香料的刺激性也會對腸胃造成不適。

(四) 含酒精食物

可能會引起貓咪噁心、呼吸困難、昏迷和死亡，千萬不可因一時興起而餵食。

(五) 鮮奶或奶製品

會讓乳糖不耐的貓咪腹瀉。

(六) 魚骨頭

尖銳的魚骨頭以及薄脆的禽肉骨頭可能會不小心卡在喉嚨，甚至是刺穿消化道，要小心避免貓咪偷翻廚餘而誤食。

(七) 生蛋

生蛋中的卵白素（avidin）會影響維生素 B_7（biotin）的吸收，長期下來可能引發皮膚問題。

㈧ 有果核的水果類

誤食而造成腸道阻塞。

㈨ 葡萄、蘋果等水果

含有會引發腎臟急性傷害的物質，若沒有及時就醫，可能會有致命危險。

㈩ 醃製食品、椰子水

因為含有大量鹽分或鉀，除了增加貓咪腎臟負擔，更可能導致鈉中毒而造成嘔吐、虛弱、癲癇，甚至昏迷。

(十一) 蟑螂老鼠藥

一般的蟑螂老鼠藥或是殺蟲劑的毒性都很強，會造成貓狗肝腎衰竭。

(十二) 樟腦丸

具有揮發性，甚至對人體都會有健康上的危害，更何況是對體型小的貓狗！

(十三) 人類食品

過多的鈉會造成腎臟負擔，對毛孩來說都是晚年的折磨。

(十四) 植物

百合花、黃金葛、常春藤、杜鵑、馬纓丹、夾竹桃、菊花等花卉植物的成分，對貓狗的腎臟及肝臟不容易代謝，容易造成慢性中毒。

三　居家生活不輕忽

㈠ 香氛精油／蠟燭

　　貓咪若吸入高濃度精油，可能引發呼吸窘迫甚至肺炎。

1. 選用精油需注意

(1) **絕不可以口服**

不慎食入可能造成腸胃不適，甚至中毒。

(2) **專屬寵物用的天然精油**

使用天然精油自己 DIY 為貓咪安全精油噴霧，
而不是直接購買含人工化學合成的香精。

(3) **濃度愈低愈好**

控制在 1% 以下，稀釋後做成精油噴霧，不會
對貓咪腎臟造成負擔。

2. 芳香療法

(1) 不要用任何精油對貓咪本身進行芳香療法：無論按摩或熏香，都需要專業醫生來調配方和濃度，以避免危險。

(2) 不使用含有單萜酮、單萜烯、酚類與酮類分子的產品：常見於柑橘類和松科類植物，卻最常被添加在天然除蚤商品、洗毛精和各種清潔用品裡。

(3) 勿讓貓咪直接接觸未稀釋的下列精油：主人若是用精油為自己按摩保養，請隔離貓咪至少 1 小時後再接觸，避免貓咪舔舐誤食精油而中毒。

3. 對貓咪有風險的精油清單

(1) 柑橘類（citrus）：檸檬、佛手柑、甜橙、柑橘、葡萄柚、萊姆……。

(2) 酚類（phenol）：丁香、肉桂、松、黑雲杉、玉桂、百里香、雪松、杜松、冷杉、茶樹……。

(3) 薄荷（peppermint）：若貓咪吃到會造成嚴重腎損傷。〔註：貓薄荷（catnip，一種植物）是不同的東西，對貓咪是安全也很喜愛的，和這裡說的薄荷精油無關〕

4. 適合貓咪的五大精油

(1) 薰衣草（鎮靜緊張情緒）：薰衣草有很多品種，請選擇不含貓咪無法代謝成分的薰衣草精油才安全。真正薰衣草和醒目薰衣草主成分為酯類及單萜醇，對貓咪較為安全。

(2) 玫瑰（鎮靜緊張情緒）。

(3) 天竺葵（鎮靜緊張情緒／驅蟲）。

(4) 橙花（改善憂鬱恐懼）。

(5) 茉莉（改善憂鬱恐懼）。

5. 寵物不可用的精油 VS. 對寵物有益的精油

 寵物不可用的精油

肉桂、百里香、冬青、牛至、茶樹、樺樹、丁香、茴香、大蒜、杜松等

 寵物有益的精油

雪松、洋甘菊、薰衣草、沒藥、鼠尾草、天竺葵、貓薄荷、胡蘿蔔種子、生薑、蠟菊、墨角蘭等

㈡ 布製品、塑膠袋與巧拼地墊

　　這三項是異食癖貓咪最常食入的生活物品。

㈢ 漂白水、化學清潔劑、醋與水混合的自製清潔劑

　　家用清潔用品多半帶有刺激性，貓咪若不慎接觸可能造成口腔及消化道的刺激或灼傷。

㈣ 電線、髮圈、橡皮筋、針線

　　線狀物品對貓咪來說有種致命的吸引力，雖然大多可以自行排出，但是電線破損可能會導致貓咪灼傷或觸電，過長的絲線可能無法被排出、帶有針的線也可能會刺穿消化道而引發更嚴重的問題。

㈤ 電池

　　鹼性電池、鈕扣電池存在家中各種生活用品或是玩具中，貓咪很可能會在玩耍時不小心咬破或是吞入，而電池液的成分可能導致貓咪口腔及消化道嚴重潰瘍壞死。

MEMO

第二章

與貓共舞

　　終於選擇了自己喜愛且適合的貓咪品種，並準備好了各種必需用品，規劃了與貓咪相處的環境。此刻，你即將迎來一位新的家庭成員和室友，與牠共度許多美好時光。接下來的日子裡，你們將共同編織許多歡樂的回憶，而這一切的前提是學會如何與牠共舞，共同度過未來十幾年的歡樂時光。

　　初次與貓咪相遇，可能會感受到一絲緊張和興奮。貓咪的好奇心和探索精神會讓你驚豔，而你對牠的關愛和照顧，則會讓牠感受到家的溫暖。這段旅程不僅僅是對貓咪的陪伴，更是一次了解和學習貓咪行為及需求的機會。建立信任和友誼需要時間與耐心，但回報將是無價的。

　　在未來的日子裡，你將發現貓咪的獨特個性和無限魅力。從牠撒嬌的模樣，到靜靜陪伴在你身邊的時刻，每一個細節都會成為你生活中的美好回憶。與貓咪共舞，不僅僅是照顧牠，更是學會尊重和理解，感受那份細膩而深厚的情感聯繫。讓我們一起踏上這段充滿愛與喜悅的旅程，享受與貓咪共處的每一刻，並珍惜這段獨特而美好的時光。

第一節　貓娛樂的方式

一　貓咪是天生的獵人

這句話一點也不假。因為物種天生感官發育及視力的關係，貓對移動物品的視力是十分清晰的，對於龜速移動的則是視力模糊不清，恰恰與人類相反。許多問題行為發生的原因，都是因為在野外生活的貓必須透過打獵才能捕獲獵物，由此方式獲取食物，方能維持生命。

但進入人類家庭後，雖過著衣食無缺的生活，卻還是難忘牠天性中需要捕獵的部分，於是在無適當獵物可捕捉的情況下，許多細小、飄移的物品，或家中的蟑螂、壁虎、蚊蟲、窗外的飛鳥，便成為牠的獵物首選。

聰明的人類為了滿足牠們遊戲打獵的欲望，於是發明了許多不同型式與材質的玩具及逗貓棒，而了解貓咪行為的製造商們也會將各式各樣的逗貓棒製成類似獵物的型態，如羽毛狀、飛蚊狀、線狀、模擬老鼠被咬穿脊椎的叫聲等類型的獵物玩具。

除了可讓其滿足狩獵的欲望外，更能消耗體力與專注時的精力，使其在放完電後，減少因活動力旺盛而產生破壞的行為。

正常的貓一天需要進行 3～4 次的狩獵遊戲，一次約 15 分鐘，可依毛寶貝們的年齡、體力、活動力做調整。將逗貓棒揮舞在天空做鳥式、躲藏式、地面移動鼠式、逃走式等方法，進行引誘、搶奪、拉扯、放下、獎勵，重複數次，讓毛寶貝們藉由狩獵行為獲得滿足及增強對狩獵行為的自信心。

切記，沒有不會打獵的貓，只有不會正確陪玩的主子。如果你的貓不玩逗貓棒，不外乎是因為玩具的材質牠不喜歡、操作方式不正確或長期錯誤的陪玩方式，使其對狩獵喪失信心，請重新培養規律並正確的狩獵習慣，方能增進你們彼此的關係，使其身心健全。

二 出去外面玩

　　現代人因居住環境狹窄、工作忙碌、害怕氣味、嘈雜等各種原因，放棄了養狗的念頭，但仍需陪伴的現代人在選擇同伴動物時，發現貓非常符合其需求，貓的安靜、愛乾淨、不吠叫、不需要每天出門散步的特性，似乎完全符合了現代人的需求，但貓真的完全不需要出門遛嗎？

　　答案是因人因貓而異的，對一隻能在野外自由活動的貓來說，每天的行走距離超乎你的想像，一隻母貓每天平均的活動範圍是半徑 163 公尺，而公貓更因領土及繁衍後代的需求，一天的平均活動範圍為半徑 312 公尺，另外每天還要向外拓展 800 公尺，如此大的活動範圍，是一般居家環境無法提供的，所以專家說、書本說、網路說，貓是垂直發展的動物，除了因為天性是在高處坐等型的狩獵模式外，更因為每天都需要巡邏領土，所以需經由遊走的方式在領土範圍標記，試問現代人誰的居家平面面積超過半徑 163 公尺？更別說是滿足公貓的基本需求了。

　　如果你飼養的品種活動需求低，家裡垂直規劃的路徑足夠滿足你的毛寶貝巡邏漫步，當然可以不用考慮外出散步這件事，但反之則建議在安全的環境中，自小完成社會化教育，或在專業人員訓練後，在不害怕出門的情況下，做好安全防護措施，穿好大小合適的胸背帶，貓咪也是可以跟狗狗一樣出門散步遊玩，滿足其巡邏的需求。

　　當然如果環境不夠安全，或有目的性的出門，就可以使用提籃或寵物推車，一樣可以帶著毛寶貝們一同出門去看看風景、晒晒太陽、聽聽風聲，與主子享受外出的美好時光喔！

三 夥伴的關係

你視牠為寵物、夥伴、孩子、親人，還是……？

但大部分其實牠視你為同住一個屋簷下——「同居的室友」！

感到驚訝嗎？你們享受著彼此的時間與空間，互相生活、相互產生依賴，但對牠來說，其實你們只是同居住在一個屋簷下的室友。

但先別因此感到失望沮喪，因為貓和人的連結十分奇特，一樣會產生特殊的依戀情感。請善待這位可愛又獨一無二的寶貴室友，因為一旦你得罪了牠，牠對你產生了十分厭惡的情緒後，你們的關係將非常難修復，這也是貓和狗這兩個物種非常大的差異之處，狗永遠需要你的關注與愛，就算你欺負了牠，牠還是會主動找你，希望你給牠關注及關愛。

反之貓則不同，牠們需要你主動使用正確的互動方式與牠逐漸修復情感，貓除了不會主動找你修復情感外，更能夠不討好你獨立地過生活，這也是傳說中貓會記仇的說法由來。

第二節　適合貓使用的玩具

　　有很多適合貓咪的玩具，例如：紙箱、毛線球、逗貓棒、貓草玩具等。不同的貓咪可能喜歡玩不同的玩具，可以多方嘗試，試試看哪一種玩具最能吸引牠的注意。

　　貓咪喜歡躲在小空間中玩耍和休息，所以紙箱是很受貓咪歡迎的玩具之一。你可以擺放不同大小的紙箱或木質貓箱，讓貓咪自由探險選擇。

　　貓咪會追逐毛線球，捕捉它們並將它們叼到安全的地方，這對於滿足貓咪的狩獵本能非常有幫助，但須注意因貓咪舌頭上的小刺，萬一毛線段放入口中會越舔越吞入，造成毛線誤食的問題喔！

　　逗貓棒配有各種有吸引力的玩具，例如：羽毛、小鈴鐺或絲帶，多數是模擬貓咪的獵物製作，利用逗貓棒可以與貓進行互動，激發貓的活躍與玩樂性，並消耗多餘旺盛的體力。

　　貓草可以引起貓咪的食慾，並且有助於促進消化，貓咪可以啃食貓草玩具來保持口腔及腸胃健康。

第三節　培養良好的飲食及生活習慣

當貓進入人類的家庭後，還是會保持原本的天性，維持著慢食多餐的原始進食方式，所以培養貓咪良好的飲食習慣很重要，這有助於保持貓咪健康，並預防可能的健康問題。

所以在飲食方面的挑選、控管及習慣養成就相當重要，必須提供優質的貓食，確保給予貓咪優質、均衡的主食，包括溼糧或乾糧。選擇高蛋白質、少添加物和營養均衡的貓食，有助於保持貓咪身體健康。

養成固定及定時餵食，建立固定的餵食時間，讓貓咪習慣於固定時間進食。不要隨意供應食物，避免讓貓咪過度進食。

需控制食量，貓咪食量須由每天需攝取的熱量換算食物所提供的熱量計算，根據貓咪的體重、年齡和活動量，確保提供適量的食物。不要過度餵食，零食的一日攝取量，不得超過一日所需熱量的 10%，以免導致室內貓因運動量少而過度肥胖的問題。

必須培養健康的飲水習慣，確保貓咪隨時有乾淨的飲水供應，讓貓咪保持足夠的水分攝取。

若你的貓咪已經有些慢性疾病或健康方面的相關問題，最好依照動物醫師的建議來選擇食物和餵食方式，並確保貓咪的健康狀況。

黃金巴頓寵支貿易有限公司授權提供

第四節　與人們互動的遊戲

　　貓和人互動的遊戲，乃是促進貓咪活動和智力的好方法，也是能增進貓咪和主人之間親密關係的好方法喔！

　　在貓咪完全適應居家生活後，可一起玩些拋接遊戲，例如：小球或羽毛棒，輕輕拋出讓貓咪追逐和抓取。這種遊戲可以提升貓咪的反應能力和活動量。

　　在家中不同的角落或家具後面藏起貓玩具或食物，讓貓咪靠嗅覺和視覺來尋找；尋寶遊戲可以刺激貓咪的探險本能和智力。

　　也可以在家中設立一個小障礙走廊，讓貓咪在其中穿梭、跳躍和爬行，透過這種遊戲，可以鍛鍊貓咪的敏捷能力。

　　平常可以利用小零食作為誘餌，教導貓咪一些簡單的指令，例如：坐下、轉圈等，讓貓咪學習對應的動作來獲得獎勵。

　　準備一些互動式的智力玩具，可以讓貓咪用腦解決問題，例如：藏食球或迷宮玩具，這些遊戲可以刺激貓咪的智力表現。

　　當貓咪開始在你面前奔跑吸引你的注意時，主人可以趕快找個地方躲起來讓貓貓來尋找喔！在找到的時候，可以突然跳出來讓牠感到興奮，換牠去躲起來換你找牠！躲貓貓也是能讓主人和毛寶貝一起運動、互動的遊戲，切記遊戲過程中貓咪若有一絲絲感到害怕時，就必須終止活動喔！千萬別讓原本加分的遊戲變成大扣分的互動。

　　透過這些貓咪與人互動的遊戲，可以增進貓咪的活動量和智力，同時也增進貓咪和主人之間的感情和連結。

第三章

與貓同樂

　　與貓同樂是一段充滿歡笑和溫馨的過程。貓咪以其獨特的個性和行為模式，為飼主的生活帶來無盡的樂趣和驚喜。無論是看著貓咪追逐玩具的身影，還是感受牠在你膝上安然入睡的溫暖，每一刻都充滿了愛與快樂。透過互動遊戲和愛的陪伴，你和貓咪之間的情感聯繫將變得更加深厚。了解貓咪的喜好，創造豐富多樣的娛樂活動，不僅能提升貓咪的生活品質，也能讓你在忙碌的生活中，找到片刻的寧靜與愉悅。

　　與貓同樂不僅僅是玩耍，更是與牠共同分享生活的點點滴滴，體會那份無與倫比的相伴之樂。讓我們一同享受這段與貓咪共處的美好時光，珍惜每一個瞬間，並在互動中發現更多的快樂與愛。

第一節　與貓相處的距離

　　懂貓的心，別讓牠討厭你。當與貓互動時，尊重貓的個性和需求，以及了解牠的身體語言和情緒。這樣才能建立更親密的關係，避免讓貓感到不快或討厭。

　　尊重貓的節奏，貓是獨立的動物，有自己的作息時間和喜好。當貓不想被打擾時，就應該讓牠獨處。適時給予貓咪空間，讓牠能夠控制與你互動的時間。

　　觀察貓的身體語言和表情，了解牠的情緒。耐心地與貓互動，使用溫柔的語氣和動作，避免引起貓的焦慮或攻擊反應。

　　提供舒適的環境，確保貓有足夠的食物、水和舒適的休息處。提供貓喜歡的玩具和活動，讓牠有安靜、安全、適當的室內生活環境，進而提升牠的生活品質。

　　當貓表現良好或與你正向互動時，給予適時的獎勵和鼓勵，食物獎勵或語言讚美能讓貓建立正面連結，並樂於與你互動。

透過尊重貓的需求和情緒，以及學習與貓溝通，你可以建立更親密和諧的關係，讓你的貓不會討厭你，反而會期待和你互動。

在抱貓時，需確保貓咪處於較放鬆和舒適的狀態下，通常是在貓咪身體語言顯示願意接近和被觸摸時。

先用溫柔的語氣和動作接近貓，與牠建立親密接觸，讓貓感受到你的信任和愛。

每隻貓對於抱抱的方式喜好可能不同，有些貓喜歡被擁抱，有些則喜歡被輕靠在身旁。嘗試不同的方式，觀察貓的反應來找到最適合牠的方式。

當你要抱貓時，要確保支撐住貓的身體並讓牠感到安穩，避免讓牠感到不安或緊張。貓的後腿可以自然下垂，以減輕負擔。

有些貓可能不喜歡被抱，這時要尊重貓的意願，不要硬拉牠來接受抱抱。重要的是，建立與貓的互信關係，讓貓逐漸接受你的親密接觸。

抱貓時要細心且尊重貓的需要和喜好，以建立穩固的互信關係。

第二節　天然貓草的威力

　　我們常把「貓咪喜愛的植物」又稱作「貓草」，熟悉的貓草種類泛指貓薄荷（catnip, *Nepeta cataria*）、木天蓼（matatabi）以及纈草（valerian），這些都是能引起貓咪獨特興奮反應的植物。這些植物不僅在寵物領域引起廣泛關注，同時也在人類歷史上留下了療癒的足跡。

本節照片由梅德農夫有限公司授權提供

一　貓草的來歷與種類

　　貓草代表植物主要包括貓薄荷、木天蓼和纈草，它們之所以是貓咪喜愛的植物，來自它們能引起貓咪產生流口水、翻滾、跳躍等興奮行為。其中，貓薄荷是最為人熟知的貓草；木天蓼則常見於東亞國家，例如：日本和韓國；至於纈草，雖然不及貓薄荷與木天蓼那麼有名，但也被證明對一些貓咪具有相似的吸引力。

貓薄荷

木天蓼及其果實

貓薄荷的花

木天蓼果實的兩種形態

貓草對貓咪所產生的反應

貓草對貓咪的影響，主要體現於其所引起的一系列反應，常見的除包括流口水、翻滾、磨蹭、跳躍等激烈行為之外，也會出現呆滯、石化不動等靜態舉動，這些反應都被視為貓咪對貓草的正常生理回應，但研究中有二分之一的貓對貓草，是沒有反應的，無反應也視為正常現象，不必過於憂心。另外，有侵略行為因子的貓，在使用貓草後便會產生侵略反應，多貓家庭與飼主應避免在使用後，短時間內讓牠們與自己或其他貓隻近距離接觸。

然而，這些都只是貓草神奇之處的冰山一角，更有趣的是，不同的貓草種類，可能引起的反應也略有差異，每次嘗試都是全新的體驗，每一隻貓咪對上每一款貓草，都暗藏著巨大的回饋潛力。

三 貓草的好處

　　科學研究發現，貓草除了能引起貓咪的注意與反應之外，同時也可能爲貓咪帶來一系列的好處，包含：冷靜、放鬆、芳香療法，這些好處甚至能緩解貓咪的緊張焦慮。透過這樣的發現，揭示了使用貓草不僅是一種提供放鬆的植物，更有可能成爲有助於貓咪健康的自然療法。

　　在近期的研究中，科學家發現貓薄荷中含有一種叫做「荊芥內酯」（nepetalactone）的成分，這種成分被認爲與貓咪的興奮行爲有關。同時，荊芥內酯也具有一定的鎮定效果，這或許就可以解釋貓草爲何對貓咪有放鬆和鎮靜作用。

四　貓草對人類的好處

　　值得注意的是，貓草不僅對貓咪有益，對人類也有一定的好處。歷史記載顯示，人們曾使用木天蓼進行替代療法，用於治療高血壓、關節疼痛，甚至膀胱炎，這種跨物種的自然療法，也將成為未來醫學研究的一個有趣方向。可惜的是，目前研究仍處於初步階段，需要更多臨床實驗來確定這些效應在人類中產生的可行性。

CEO Jay Choi（左）及 Jinmin（右）

五 貓草的其他運用方式

在現代生活中，我們也能將貓草應用於提升貓咪的生活品質，例如：將貓草融入美容用品中（但須注意有侵略行為的貓會增加攻擊行為），使貓咪的美容體驗更加愉悅；將貓草帶入寵物旅館，幫助貓咪緩解改變環境的緊張；或是在貓咪的散步區域散布貓草，為牠們提供更豐富的新鮮感與刺激，提升運動量和娛樂性。

貓草不僅僅是貓咪喜愛的植物，更是一種可能帶來健康好處的自然神奇物質，從引起貓咪的興奮到成為人類歷史上的療癒利器，貓草的價值在於它的多樣性和潛在的醫學應用。在未來的研究中，我們或許還會發現更多關於貓草的奧祕，並將其應用擴展到更廣泛的領域，造福人類和貓咪的健康與快樂。

第三節　攀爬架與貓跳臺

一　貓跳臺的好處

貓跳臺的好處包括提供貓咪一個可以休息和觀察周圍環境的地方，同時也可以滿足貓咪愛好跳躍和攀爬的天性。貓跳臺也可以幫助貓咪鍛鍊身體、增強肌肉，促進血液循環，有助於維持健康的體態。

此外，貓跳臺可以提供貓咪一個獨立空間，有助於減輕壓力和焦慮，提高貓咪的幸福感。因此，提供一個適合的貓跳臺對於貓咪的健康和幸福都是非常有益的；多貓家庭也可藉由貓跳臺劃分階級地位。

㈠　增加貓咪運動量

滿足貓咪的運動需求，提供適量的運動和活動空間，通常具有多層平臺、柱子和爬梯，讓貓咪可以攀爬、跳躍和玩樂。

㈡　磨爪用途

貓跳臺的柱子通常包裹著麻繩或絨布，讓貓咪可以磨爪子。如此一來可以讓貓咪保持爪子的健康，同時避免牠們在家具或其他物品上磨爪。

㈢　休息和睡覺

貓跳臺上的平臺和洞穴，提供了貓咪休息和睡覺的場域。貓咪可以選擇舒適的平臺或躲進洞穴，享受安靜和私密的休息空間。

㈣　觀察和探索

貓咪喜歡居高臨下的感覺，這源於牠們的狩獵天性，貓爬架提供貓咪極佳的機動性及安全感，也讓牠們能夠觀察和探索、掌握周遭環境。

㈤　娛樂和玩耍

有些貓跳臺上有懸掛玩具、攀爬桿、滾動球等，可以讓貓咪在上面玩耍，提升貓咪的興趣和活躍度，減輕牠們的壓力。

二　貓跳臺挑選重點說明

須確保貓跳臺的尺寸符合家中可供放置的空間，測量好空間尺寸，選擇大小合適的貓跳臺，以免過大或太小不方便使用。

考慮家中的貓咪年齡和體型，選擇合適尺寸的貓跳臺。小型貓咪可能適合較小的跳臺，而大型貓咪可能需要更大的跳臺空間來活動和休息。

須確保貓跳臺有足夠的高度和間距，讓貓咪可以輕鬆地跳躍和攀爬。適當的高度和間距，有助於貓咪進行運動和活動，並可避免意外及滑落。

一些貓跳臺具有不同高度層次或功能區域，這樣可以提供不同的活動空間和挑戰，滿足貓咪的不同需要。

貓跳臺的材質，一般可分為木頭、金屬、網繩、毛氈絨布及壓克力等。

木製跳臺通常外觀簡潔大方，適合放置在家裡作為一件家具。木頭具有天然的質感，也比較耐用，但須考量到磨爪及刮痕的問題。

一些貓跳臺的結構是由金屬支撐，能夠提供穩固的支撐力，不易倒塌，適合較活躍的貓咪，但須注意邊角不得銳利，平臺部分須符合防滑需求。

有些貓跳臺使用繩網作為攀爬面，讓貓咪可以更好地針對爪子進行勾支和運動，同時也提供了新奇的攀爬體驗。

柔軟的毛氈或絨布表面提供了舒適的踏踏感受，讓貓咪可以輕鬆地休息和打盹，變成另一張貓床。

壓克力為少數作為跳臺使用之透明材質，可結合木頭或其他材料，增加窺探的視覺空間，但跟金屬跳臺相同，必須注意平臺防滑。

以上空間、高度、間距、大小、材質等項目，皆需根據目前毛寶貝的年齡、身體狀況作為考量依據，無論做任何挑選，都以符合需求及安全性為第一考量。

三 貓跳臺的款式有哪些？

　　貓跳臺的款式有許多種，常見款式包括立式貓樹、牆掛式貓樹、懸掛式貓樹、活動式貓樹等。立式貓樹通常是一個獨立的結構，包括多層平臺和貓抓板，適合放置在居家空間中。牆掛式貓樹則是可以安裝在牆面上，節省空間且提供貓咪獨立的活動場域。懸掛式貓樹則是可以懸掛在天花板或門框上，同樣節省空間，且提供豐富的活動空間。活動式貓樹則是可以調整形狀和結構，讓貓咪有更多變化的遊玩方式。不同款式的貓跳臺都有各自的特色和適用場合，飼主可以根據家中空間和貓咪喜好做出選擇。

四 貓跳臺擺放位置、動線規劃建議

根據貓跳臺的擺放位置和動線規劃，以下是一些建議：

1. 將貓跳臺放置在陽光充足的地方，讓貓咪可以享受陽光浴，同時也可以觀察周遭環境。

2. 選擇一個安靜的位置，避免貓跳臺受到外界干擾，讓貓咪安心休息和玩耍。

3. 確保貓跳臺的位置不會阻礙家人行動，同時避免擋住通風口或是電源插座。

4. 若家中有多隻貓咪，可以考慮在不同的房間擺放貓跳臺，讓每隻貓都有自己的空間。

5. 在擺放貓跳臺時，也要考慮貓咪的動線，確保貓咪可以輕鬆地從地面或其他家具跳上跳臺，並且可以輕鬆地離開跳臺。

透過以上建議，可以更有效地擺放貓跳臺，讓貓咪在家中享受舒適的環境。

第四節　幸福感的獨立空間

　　現今來說，人們所飼養的貓個性較為獨立且具有領地意識，其幸福感深深依賴於一個適合牠們獨自生活的空間，這種獨立空間不僅能夠讓貓感受到安全及舒適，還能提供牠們表現自我的行為，例如：狩獵、玩耍和休息。一般來說，為了確保貓與人們居住在同樣的環境中充滿幸福感，飼主應該理解並尊重貓的獨立需求，在以人們的生活環境為主的空間中，創造一個豐富多樣且適合貓的生活環境，其中包含隱蔽處、攀爬設施和適當的遊戲刺激感官功能。除此之外，貓的獨立空間應該保持安靜和無壓力狀態，如此一來，貓才能夠真正放鬆和享受屬於牠們自己的時光，提供這樣的環境不僅能夠促進貓的心理健康，也能加強貓與人類之間的情感聯繫。

MEMO

第四章

與貓同心

　　飼養貓的過程中，理解和掌握貓的心理和行為，乃是確保其幸福感與健康的關鍵，在人們飼養期間，貓的行為和心理往往比其他寵物更加複雜且微妙，需要飼主細心觀察和耐心學習。貓會透過各種肢體語言、聲音和日常行為，來表達自己的情緒和需求，這些都能讓人們或飼主了解牠們的需求，這些訊號也能幫助飼主更好地回應家中所飼養的貓咪生理或心理上的需求，並及時發現潛在的健康或心理問題。

　　此外，貓的行為習性，如領地意識、攀爬和捕獵本能，也需要在日常飼養中予以尊重和滿足，透過對貓的心理和行為的深入理解，飼主可以創造一個更加和諧的生活環境，增進人貓之間的情感聯繫，並提升貓咪的生活品質。

第一節　如何掌握貓的情緒

一　隨著情緒表達

貓的情緒表達未必只有一種，常常會隨著情緒的迅速變換而有成串表現，所以，觀察時得靈活細心。當然，牠為了各種不同的目的，或為了表達不同的心境，也使其語言更多、更複雜。

二　貓咪心情變化

貓咪的舉止和人類一樣，具有不同的意義，有時候會利用身體語言傳遞自己的意志，有時候或是無意識的表現自我，寵物飼主應該學習辨別這些語言，了解貓咪各種心情變化。

三　全面觀察貓咪

為了了解貓咪的身體語言，必須由貓咪的全身動作、眼睛、耳朵、嘴巴、尾巴著手，觀察這些部位的變化，也是不可忽略的一環。

第二節　與貓建立親密關係

　　與貓咪一起生活，就會發現貓咪其實也有情緒變化；儘管猜心不易，但我們還是可以從一些小動作或行為掌握牠們，讓貓咪也可以過得更幸福健康！

　　貓咪喜歡依偎著人，感受人身上的溫暖，與貓咪互動時，貓咪時常我行我素，因此在玩耍或親密接觸時，一定要以貓咪的心情為優先考量，可別只在乎人類的感受喔！

 一　親密接觸，進行心靈溝通

　　貓咪是一種喜歡與人親密接觸的動物，因為在讓人撫摸或是擁抱的同時，牠們也會感受到對方的體溫與氣味，如此一來，對共同生活的飼主情感就會更加深厚。由此可見，貓與人是藉由親密接觸的方式來進行心靈溝通。

　　貓咪「喜歡讓人撫摸」，這是因為心裡還保留著幼貓時期母貓一邊用溫暖的舌頭輕舔與按摩，一邊讓自己安心入睡的甜蜜回憶。這段記憶不會因為成長而消失，所以當人用手輕撫或替貓咪梳毛時，牠們的心情就會因而平靜下來。

二　撒嬌暗示接受

　　親密接觸不僅是表現愛情時一個非常重要的溝通手段，平常在檢查貓咪的健康狀態時，也是一個非常重要的手段。不過，貓咪並非隨時都喜歡讓人撫摸或擁抱，牠們也有不想讓人觸摸的時候，有時甚至會希望能安靜獨處。在這種情況下，人類若是任意撫摸牠們，反而會對貓咪造成壓力。請一定要記住，當貓咪希望親密接觸或是願意讓人撫摸時，通常會做出一些「撒嬌動作」，釋放出訊息。

三　刺激感覺舒適的地方

　　想要透過肌膚接觸為貓咪帶來幸福感，勢必要找到貓咪喜歡的地方，適當地給予刺激。一般來說，可以讓貓咪感到舒適的部位有下顎、脖子周圍、耳後與額頭等。有一些貓咪還喜歡讓人撫摸肉球，或是輕拍靠近尾巴根部的後腰部位。

第三節 不同貓有哪些不同的個性

　　貓的個性一般分爲友善、自信、易相處及膽小、羞怯、神經質兩大類，活動需求依先天品種特性的不同，可區分爲活力派、活潑派、文靜派，但個性部分會遺傳自父親，若父親有侵略行爲，則孩子也有的機率則相對較高；而母親所影響的部分，則是關於巢穴衛生、狩獵技巧、遊戲模式，及對其他物種的反應；另外，若是在飼主的照顧之下成長，假如飼主沒有在關鍵時期給予正確的社會教育，同樣也會影響貓一輩子的個性。

性格分類

友善
自信
易相處

膽小
羞怯
神經質

你的貓是哪一派

1 活力派

米克斯
豹貓
暹羅貓
阿比西尼亞貓
無毛貓

2 活潑派

美國短毛貓
英國短毛貓
小布圓舞曲貓
緬因貓

3 文靜派

加菲貓
波斯貓
布偶貓

性格決定因素

品種
（breed）

父親
（father）

1　2
3　4

母親
（mother）

育種者、照顧者
（breeder, caregiver）

一　會讓貓討厭的行爲

㈠　嬰兒抱：像抱嬰兒一樣把貓咪抱起來

貓咪是非常需要安全感的動物，讓貓咪的後肢懸空，牠們會非常緊張。有些急性子的貓咪就會使勁地蹬腳，這樣極有可能抓傷你。

正確做法

一隻手摟住貓咪的胸膛，另一隻手將貓咪的後腳托住，這樣不會讓貓咪的後肢懸空，有「腳踏實地」的安全感。

抱貓的時間不可太長，當貓咪尾巴劇烈甩動、耳朵水平向後拉，或者有想掙脫的傾向時，就把牠輕輕地放下來吧！

㈡ 直視貓咪的眼睛

在貓看來，長時間凝視可能是控制、支配，甚至是具攻擊性的意思。當貓咪被盯著看的時候，會覺得對方想攻擊牠，甚至是想吃牠。

正確做法

眯著眼睛看牠們，慢慢眨眨眼，避免過度的眼神交流，眨眼還是示愛的表現唷！

㈢ 穿衣服

　　貓咪本身是透過貓毛在感知平衡的，所以一定都不喜歡穿衣服（除了需要保暖的斯芬克斯貓）。因爲這會讓牠們的行動受到限制，手腳不靈活，走起路來十分彆扭。

★注意：長期穿衣服會影響貓咪正常舔毛，這會讓牠們的心情變得很糟糕，也因爲貓咪本身就有毛，穿衣服容易把溼氣悶住，反而更容易有皮膚的問題。

㈣ **戴鈴鐺**

　　貓咪的耳朵對聲音非常敏感，鈴鐺聲對貓咪來說就是極大的噪音，能發出聲音的鈴鐺，往往會對貓咪的聽力造成影響。

㈤ 摸貓咪的肚子

當貓咪把肚子翻過來，千萬別伸手去摸，因為下一秒可能就是被貓咬！除非是非常信任，貓咪才會把自己最脆弱的部位暴露出來。

正確做法

摸頭、臉頰、下巴、背部，這些地方大多數貓咪都比較喜歡。

㈥ 拽尾巴

　　尾巴也是貓咪很討厭被人抓的地方，但有時候因為尾巴最容易抓，所以想找貓咪的時候，一不留神就抓到尾巴了。

㈦ 一直觸碰貓咪的肉墊和爪子

　　貓咪的肉墊肉嘟嘟的非常可愛，但不要一直摸或是碰觸，因為貓咪不喜歡這樣。當然，為了替貓咪修剪指甲，我們需要訓練貓咪習慣被捏肉墊，但是除此之外，盡量不要多去撓牠們的腳底。

(八) 改變生活規律

貓咪是非常規律的動物，大幅改變牠們生活規律的行為，都會使其不高興。比如：

1. 頻繁更換食物，今天吃這個貓糧、明天吃那個貓糧，零食是可以經常更換的，但是不建議多吃。

2. 頻繁更換吃飯、喝水的地方，今天在這個地方吃飯喝水，可是第二天就找不到了，這會讓貓咪產生很強烈的不安全感。

3. 頻繁更換貓砂盆的位置，會讓貓咪找廁所也花上不少時間，有些貓咪甚至會因此亂拉亂尿。如果一定要移動貓砂盆，行為學家的建議也是每天移動一點點（能少則少，比如 10～20 公分），然後慢慢移動到你想要的位置。

㈨ 不陪伴

　　貓咪在自然環境下，每天要進行狩獵，在家裡也是會狩獵，只是在家裡的狩獵就是玩耍。每天早上和晚上拿起逗貓棒，陪貓咪玩個 10 分鐘吧！

㈩ 長期不在家

　　長期不在家，貓咪真的會想你！曾有科學研究嚴謹地分析過，貓咪對人是有很深情感的。

㈓ 睡覺的時候打擾牠

貓咪每天的睡眠時間在 12～16 個小時，但是貓咪的睡眠比較淺，只有 30% 的時間是酣睡期，其餘時間都比較容易驚醒。

㈔ 強行拽出來互動

貓咪不想跟你玩的時候，就不要強迫牠陪你玩。你可以用逗貓棒或者小零食來勾引牠一下，但千萬不要用暴力手段把牠拎出來。

㈢ **壁咚小貓咪**

　　如果讓牠們無處可逃，貓咪會非常害怕和緊張。這也是強行和貓咪互動的一種，貓咪的安全感來自於對周圍環境的掌控，牠們遇到危險的第一個反應就是逃跑。

㈣ **懲罰貓咪**

　　貓咪是不能打的，貓咪並不會有意做「壞事」，牠們抓壞家具、推翻桌上的東西等，其實都是牠們天性的表現。首先，牠們不覺得自己做錯事情了，不知道自己到底為什麼被打，處於懵懂狀態，如果打輕了，有可能會讓牠們以為你是在和牠們互動；打重了會讓貓咪害怕恐懼，和你的關係就愈發疏遠了。

㈤ **關到籠子裡**

　　貓咪天生需要很大的活動空間，如果長期被限制在一個狹小空間中，出不去、也沒有躲藏的地方，那就會變得緊張易怒、神經敏感。

㈥ **從桌子上推下去**

　　一掌直接把貓推下桌，貓咪會受到驚嚇，情緒緊張。同時這樣也很有可能改變不了牠們上桌的這個習慣。

正確做法

　　正確的引導。比如吃飯的時候上桌，可能對人類的食物感到好奇，那麼就必須分散注意力。

㈦ 強迫和別的貓咪互動

　　貓咪是能和別的貓咪和諧共處的，但這需要時間和技巧，強行讓牠們和別的貓咪互動，會引發劇烈的應激反應，甚至會由應激引發腹瀉、嘔吐等。

㈥ 外出時使用透明的貓包

　　透明貓包裡，本身就沒有地方可逃、可躲藏，被困住導致情緒已經夠緊張了，又被迫看到外面的各種陌生景象和不明生物，會嚇死貓咪的。

正確做法

　　使用封閉式、網格狀的貓咪航空箱，並隨身帶上一條毯子，當貓咪表現出害怕焦慮的時候（神情緊張、呼吸急促等），用毯子把航空箱蓋起來，這樣能夠極大地緩解貓咪的緊張情緒。

㈨ 不適合外出的貓咪，經常外出去陌生的地方

更改環境就會讓貓緊張了，更何況頻繁外出，不管是去醫院還是去寄養處，在沒有充足訓練的情況下，經常帶貓咪外出，往往會引發其嚴重的應激反應，貓咪會變得膽小、敏感、神經緊張。

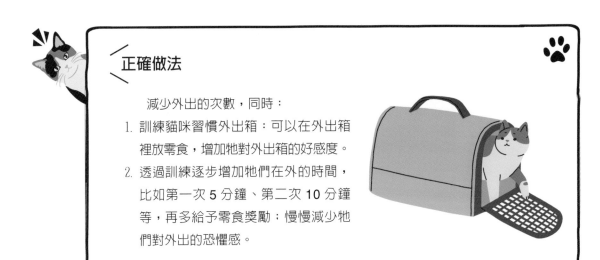

正確做法

減少外出的次數，同時：

1. 訓練貓咪習慣外出箱：可以在外出箱裡放零食，增加牠對外出箱的好感度。
2. 透過訓練逐步增加牠們在外的時間，比如第一次 5 分鐘、第二次 10 分鐘等，再多給予零食獎勵；慢慢減少牠們對外出的恐懼感。

㈠ 經常家裡來陌生人又強迫貓咪必須迎賓

家中天天有陌生人來，或者一下子來個好幾個陌生人，會把貓咪嚇得半死。如果家裡開 party 要來很多人，最好將貓咪關在房間裡。

㈢ 貓砂盆不經常清潔

貓咪是很愛乾淨的動物，在自然環境下，牠們排泄完會把糞便埋好，嗅覺的敏感度更是人類的 4 倍。當我們覺得很臭的時候，貓咪已經快被熏暈了。發現太臭時，牠們就會換一個地方排便，貓砂盆的清潔，盡可能要做到每天兩次。

㈡ 噴過濃的香水

貓咪主要靠氣味來識別你，噴過濃的香水，有可能會讓貓咪認不出你，另一方面，大多數香水中都含有精油和酒精，這些物質對於貓咪的鼻子有很大的刺激性，吸收進入體內後，也會對貓咪的身體產生毒性。香水直接接觸貓咪的皮膚，也會對其健康造成不好的影響。下次要噴香水的話，記得離他們遠一點呀！

㈢ 在家使用精油香氛

和香水類似，香氛裡面的精油和酒精成分對貓咪來說是有毒的。過於濃郁的氣味會影響貓咪的嗅覺，也會對貓咪的身體造成傷害。

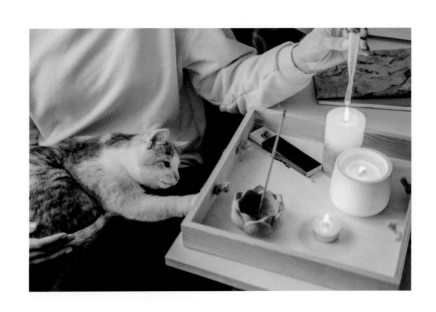

㈢ **洗澡**

　　大多數貓咪都不喜歡水，因為貓咪都是旱鴨子（土耳其梵貓除外，因為牠們特別喜歡游泳），絕大多數飼主給貓咪洗澡就像打仗一樣，可以利用減敏的方式，讓貓咪喜歡洗澡美容。

第四節　了解你家貓咪的需求

　　仍有許多「貓咪事」令人百般不解。在不了解貓咪行為的情況下，認識貓的身體語言，就會知道貓是充滿熱情的動物。

一　突然發出唧唧聲 —— 貓咪很開心

　　本來貓咪靜靜地躺在窗臺上晒太陽，但突然發出奇怪的唧唧聲。這通常是貓咪感到刺激和興奮時發出的聲音，很有可能是牠在窗外看到了一隻飛近的雀鳥，很想去捕捉。另外，發出怪異的聲音，也許是貓咪想引起關注的方式。唧唧的聲音，是母貓與小貓咪溝通時的方式，貓媽媽會發出悅耳的顫動聲音，來吸引小貓的注意力。

二　突然發出嚎叫聲或哀號 —— 貓咪感到疼痛或不適

　　當貓咪發出嚎叫或哀號時，這可能表示牠正感到痛苦和身體不舒適。嚎叫還有另一個意思，就是貓咪發覺領土受到威脅，因而發出嚎叫聲作為警告。而如果你的貓咪持續發出哀號聲，便要多加留神，這有可能是甲狀腺機能亢進的暗示，

這在老貓中是常見的荷爾蒙疾病。由於貓咪是忍痛高手，很多時候受苦也不會表現出來。如果發覺貓咪總是避開你，不願見人的話，便有可能貓咪正在承受著身體上的痛苦，應多加關心留意，帶到獸醫處查明原因。

三　在貓砂盆旁撒尿 ── 貓咪感到有壓力

當你發現本來已懂得使用貓砂盆的貓咪，突然在貓砂盆旁撒尿，行為怪異，這或許是貓咪想告訴你，貓砂盆太髒了，叫你多加清理。如果家中有兩隻貓咪的話，更應多添置一個貓砂盆，這樣貓咪才會更有安全感。另外，在貓砂盆外撒尿，亦可能代表牠感到有壓力。可試試將貓咪安

置在比較空曠安靜的地方，這都有助於貓咪減低壓力。如有需要，可在坊間買些減低壓力的噴劑來舒緩貓咪壓力，但應先諮詢獸醫意見。

四　發出呼嚕聲 ── 貓咪很舒服開心或想引起照顧

當貓咪覺得心情愉快時，便會發出呼嚕聲。呼嚕聲又稱「煲水聲」，是貓咪感到十分舒服或過癮時，尤其是你撫摸牠的身體如頸後、眉心、胸口等，牠會嘰嘰咕咕的發出怪聲。如果貓咪的尾巴向上，在地上翻滾，甚至是把腹部暴露在你的面前，這便代表了貓咪現在很輕鬆，沒有戒

備。貓咪也會在身體不舒服想被主人照顧時，發出呼嚕聲。

五　在你腳邊來回摩擦 ── 貓咪喜歡你

當貓咪在你腳邊徘徊時，許多人都以為貓咪這樣做只是在撒嬌。但事實上，貓咪只是利用頭部、臉頰、下顎、側身等處的腺體分泌氣味做標記，來說明這些東西、這些地方是自己的。在貓咪心目中，藉著「交換氣味」來增加互信，這只能說是貓咪對你信任，但要強調，這不等同撒嬌行為。最多只能說貓咪肯定了「這個人是我的」。

六　在你面前徘徊 ── 貓咪需要你關注

　　貓咪是獨行俠，大多數時候都喜歡一個人獨來獨往。但如果你突然發覺貓咪在你面前徘徊，不停把你桌上的東西掃下來時，這可能是貓咪覺得太無聊，想你陪牠。另外，當貓咪試圖在早晨喚醒你的時候，這是牠們在提醒你該起床囉！是時候開罐罐伺候主子了。

MEMO

第五章

與貓沐浴

　　給貓沐浴是一個需要耐心和技巧的過程，因為大多數貓咪並不喜歡水，往往導致飼主不知該如何幫貓咪洗澡或是梳毛，儘管貓通常會自行清潔，但有時在特殊情況下，例如：皮膚病、髒汙或沾染了難以自行清除的物質時，仍需主人為其梳理毛髮或進行沐浴。

　　然而，為了減少貓的壓力，並確保沐浴過程順利進行，飼主應提前做好準備，包括選擇合適的貓用洗滌劑、準備溫水和安靜的環境，除了透過行為表現了解並尊重貓的情緒反應，也應採取溫柔且堅定的方式，能夠幫助貓在沐浴過程中感到更安全和舒適。學習並透過正確的沐浴方法，不僅可以保持貓的清潔和健康，還能加強人貓之間的信任與聯繫。

貓咪日常保養

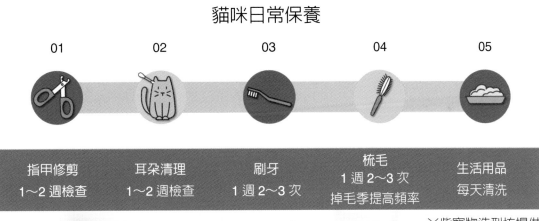

01	02	03	04	05
指甲修剪 1～2 週檢查	耳朵清理 1～2 週檢查	刷牙 1 週 2～3 次	梳毛 1 週 2～3 次 掉毛季提高頻率	生活用品 每天清洗

丫紫寵物造型坊提供

第一節　貓咪剪指爪

　　因為貓咪指甲長很快，又不常會洗澡，所以 1～2 週要檢查一下，以免指甲過長。

　　貓咪的指甲可以自行伸縮，平時會將指甲收起來，剪指甲時，需輕輕按壓肉墊及指頭中間的位置，才能將指甲擠出來。

　　半透明的指甲，可以看到粉紅色的血管處，血管處蘊含許多神經，剪指甲時要小心避開這裡，避免貓咪流血、疼痛，留下不好的印象。

捏出指甲

剪指甲

剪指甲時要小心避開粉紅色的血管處

小祕訣

1. 貓不能磨指甲，因為貓如果磨指甲會裂開造成受傷。
2. 貓咪剪指甲的正確技巧：

【技巧一】下刀距離至少間隔血管 2 mm 以上。

【技巧二】下刀方向要正確，不然容易造成指甲碎裂。

【技巧三】貓咪前腳有五趾，後腳四趾，別忘記剪任何一趾，否則容易造成斷裂或嵌進肉墊中喔！

第二節 貓咪輕鬆整理背毛

不論長毛還是短毛，都要固定梳毛唷！定時梳毛不但能將廢毛排除，還能適度刺激皮膚，改善血液循環。血液循環得到改善，毛髮也會更健康有光澤；也能減少犬貓吃下廢毛，造成毛球症等情況。

一 貓咪護毛大作戰

為貓咪護毛是非常重要的事項，對於貓咪的健康也有著重大影響。貓咪的毛髮需要定期梳理和清潔，以防纏繞和結塊，同時也可以促進血液循環和減少脫毛。此外，適時洗澡和使用適合的洗毛產品，也是為貓咪護毛的重要一環。除此之外，提供均衡營養的飲食和定期的醫療檢查，也能確保貓咪擁有健康亮麗的毛髮。希望每位貓奴都能用心呵護貓咪的毛髮，讓牠們擁有最佳的健康狀態。

㈠ 魚油或新鮮魚

寵物魚油成分大多來自於海洋魚類，例如：鯡魚、鯖魚、鮭魚等，這些魚類的油脂含有豐富的 Omega-3 脂肪酸——EPA 和 DHA，也是使魚油有效的主要成分，對全齡貓的健康都非常有幫助。

㈡ 植物油

除了 Omega-3 脂肪酸，Omega-6 也是貓養毛的必需營養之一。

大多數原型食物都含有豐富的植物油及 Omega-6，例如：椰子油、橄欖油（新鮮椰子還可以提供額外的維生素和抗氧化劑）。

★ Omega-3 與 Omega-6 經研究證實能幫助減少過敏反應、改善皮膚乾燥，並促進皮毛的修復與健康。

㈢ 肉類

肉類中的優質蛋白質是細胞修護所需的原料，能幫助受損皮膚的修復，並幫助亮麗毛髮的生長；但要注意許多蛋白質可能是食物過敏源，故一般皮膚保養配方中，大多使用低敏的蛋白質或水解蛋白。

二　貓咪掉毛六大原因

㈠ 季節性換毛

貓咪季節性換毛是非常正常的情況，為了適應溫度的變化，在每年春秋貓咪都會大量換毛，這同時也是貓咪維持皮膚、毛髮健康的重要機制。奴才在貓咪換毛季時，可以多為主子梳毛、餵食化毛膏，以免貓咪吃進太多毛而消化不良。

㈡ 吃進太多鹽

貓咪天生就不需要攝取太多鹽分，尤其許多貓咪都有腎臟問題，吃進太多鹽，會加重腎臟負擔，使貓咪大量脫毛，新手飼主一定要特別注意喔！

㈢ 營養不良

如果貓咪營養不良，毛髮就會變得乾枯、黯淡無光，也很容易斷裂和脫落，導致掉毛的情況。飼主可以檢視貓咪平時吃的食物是否太過單一，或是多補充「魚油」等保健食品，加強護理毛寶貝的皮膚和毛髮，找回柔順光澤。

㈣ 壓力過大

當貓咪的生活、環境出現變動，例如：搬家、有新的家庭成員，都可能讓牠們感到緊張、有壓力。而當貓咪焦慮的時候，會透過「舔毛」來轉移注意力，而過度舔毛就會導致貓咪掉毛、禿一塊等狀況。

㈤ 內分泌失調

當貓咪的內分泌系統失調,可能會出現毛囊炎、大量掉毛、毛禿一塊等問題。建議你尋求專業獸醫師的協助,治療內分泌問題,並透過日常保養、飲食調理,改善皮膚和毛髮的健康。

㈥ 貓癬、皮膚疾病

如果貓咪不斷抓癢、大量脫毛,並且毛髮上出現一點一點的白色皮屑,有些地方甚至毛禿了一塊,裸露的皮膚呈現紅腫、發炎的情況,表示貓咪感染黴菌、跳蚤等寄生蟲,必須立即就醫治療,同時加強日常保養。

 三　適度晒太陽

適度晒太陽,不僅可以讓貓咪毛髮清爽乾燥,也可以讓牠們透過理毛攝取維生素 D,讓牠們擁有一身漂亮毛髮。

第三節　貓咪清理耳朵

　　清理貓咪耳朵是維持貓耳健康的重要步驟，特別是對於那些容易產生耳垢或感染的貓咪，我們可以透過定期清潔耳朵，除了能夠預防耳朵問題的發生，如耳蟎感染、細菌或酵母菌感染等，飼主也應學會如何正確地檢查和清洗貓咪的耳朵，以確保過程安全且有效。這需要使用專門的寵物耳朵清潔液以及脫脂棉花，在操作的同時，須溫柔和保持耐心，避免傷害貓咪的耳道。透過了解耳朵清潔的正確方法，飼主能夠幫助貓咪維持耳朵的清潔和健康，從而提高其整體生活品質，並加強人貓之間的信任關係。

貓咪清理耳朵的步驟包括以下幾個部分：

1. 檢查耳朵

首先，需要仔細檢查貓咪的耳朵，觀察是否有異常的分泌物或異味，以及是否有紅腫或發炎的情況。

2. 清潔外耳道

使用專門為貓咪設計的耳部清潔劑，輕輕地在貓咪外耳道部位滴幾滴清潔劑，然後再輕輕按摩耳朵的基部，讓貓咪自行甩出，幫助清除耳垢和汙垢。

3. 清潔耳廓

使用乾淨的棉球或棉花棒輕輕擦拭貓咪的耳廓部位，注意不要用棉花棒深入耳道內清潔，以免造成貓咪不適。

4. 定期清潔

建議每週定期為貓咪清潔一次耳朵，以保持耳朵清潔和健康。

需要注意的是，在清潔貓咪的耳朵時，要特別溫柔和細心，避免造成貓咪的不適或傷害。如果發現貓咪耳朵有異常情況，如持續發炎或有異味等，應即時諮詢獸醫師的建議和治療。

第四節　貓咪沐浴

貓咪沐浴是維持貓咪健康和清潔的重要步驟。在給貓咪沐浴之前，首先要確保使用適合貓咪的洗毛產品，並準備好溫水和乾淨的毛巾。在沐浴過程中，要細心地按摩貓咪的毛髮，並避免讓水進入貓咪的耳朵和眼睛。沐浴後，用毛巾輕輕擦乾，並確保牠能在溫暖和安靜的環境中風乾。如果貓咪對沐浴感到不適，建議尋求專業寵物美容師的幫助，以確保貓咪能夠安全舒適地完成沐浴程序。

　洗澡的頻率

㈠ 以下幾種狀況有洗澡的必要

1. 平時有「外出」，玩到又髒又臭。
2. 沾到大便、嘔吐物或是其他「髒汙」，需要局部或全身清潔。
3. 「長毛貓」，毛容易打結。
4. 老貓、病貓、肥胖貓，無法「自行」清潔毛髮。
5. 「未絕育」的貓在發情期尿味會更重，尤其是肛門附近的毛髮。

㈡ 多久洗一次？

貓咪能「自行」清潔的話，就不建議太常幫貓咪洗澡（半年至一年不要超過一次），因為貓咪皮膚能產生「油脂」，對牠們而言就像天然的「防護罩」。太常洗澡反而幫牠們都把「油脂」都洗掉了，皮膚也就少了一層保護。

㈢ 貓咪相關習性特質

1. 貓咪的祖先：大多家貓的祖先為非洲野貓，主要生活在沙漠，日夜溫差大，如果身體太潮溼，體溫會下降很快，而且貓咪的毛又細又密，一旦溼了就不易乾。

2. 貓咪的本能：一旦身上的毛被打溼後，身體的平衡感、靈敏度和速度就會受影響。

3. 貓咪的體味：洗澡會把貓咪的體味洗掉，這會讓貓咪渾身不自在。

4. 貓咪的應激反應：簡單地說，應激反應就是指貓對外界刺激所產生的異常生理或心理反應。也是貓咪壓力反應的一種，現在已被證實是最為常見的貓行為問題，同時也是導致貓咪罹患多種疾病的重要原因。

貓咪洗澡 SOP

㈠ 重要準備動作

　　幫貓洗澡時，千萬不能突然把貓咪丟到水裡，而是要事前將各項洗澡用具準備齊全，然後讓貓咪習慣碰水和聽吹風機的聲音，這樣才不會讓牠們對洗澡感到害怕。很多貓洗澡前幾次都會害怕，就需要飼主發出一些奇異的聲音，轉移注意力，讓貓咪不會這麼害怕。

㈡ **貓洗澡順序**

1. 備妥貓咪沐浴用品

包含貓咪所需要的各式梳子，還有貓咪專用的指甲剪、棉花球、貓洗澡的專用洗毛精、大毛巾、吹風機、牙刷等。

丫紫寵物造型坊提供

1 洗澡盆

大臉盆、大塑膠桶、貓咪專用澡盆都可以，只要能讓貓咪坐著時露出頭部的容器即可。

2 專用的貓咪洗劑

不能使用人類的洗髮精，因為可能破壞貓毛和皮膚的保護層。

3 針梳／排梳

可以梳掉貓咪身上的廢毛和多餘的蓬亂毛髮。

4 毛巾2～3條

越吸水越好，代表貓咪的毛髮可以更快乾，使用吹風機的時間越少，越不會讓貓咪不自在和不舒服。

5 保定繩

除可用來保定貓咪，增加貓的安全感外，也能防止貓亂跳而抓不到（但較不建議使用，貓應激時容易跳來跳去造成危險）。

6 眼藥水／眼藥膏

貓咪洗澡前先點眼藥水或是擦眼藥膏，防止洗劑流入眼睛而受到刺激。

7 爪剪

剪貓咪指甲使用。

8 止血鉗

要用來夾棉花清理貓耳朵（若沒有止血鉗，可以棉花擦拭外耳即可）。

9 電剪／剃刀

用來剃肛門附近的毛和腳底毛（若要剃身體，須使用可替換刀頭的電剪）。

2.　先修爪梳毛

飼主在爲貓洗澡前，可以先幫貓剪指甲，避免洗澡時因爲貓咪的掙扎，反而被貓抓傷；另外，還要事先將糾結的毛髮梳理開來，好去除潔淨皮膚上的髒汙。

3.　護耳

洗澡前先清耳朵，在浴室清潔也不用擔心毛孩會將潔耳液甩得到處都是。

小祕訣

清耳液可用嬰兒油，因為油去汙力比較強，又能讓油水分離。在洗澡時，若水不小心進入耳朵，也能被甩出。

4. 護眼

　　洗澡前一定要記得先護眼，因為貓咪的眼睛天生比較突出，所以容易進水，因此洗澡前的護眼就很重要了。

小祕訣

- 滴入護眼液。
- 雙眼記得都要保護。

---

5. 選擇毛孩專屬洗劑

　　人與毛孩的皮膚構造不盡相同，不建議讓貓咪使用人的沐浴乳或洗髮精。人類使用的沐浴乳和洗髮精，通常會添加香料或化學物，容易造成貓咪皮膚刺激、敏感或不適。為了貓咪健康著想，建議飼主選購「貓咪專用」的洗毛精，避免混用情形。向獸醫或於寵物美容店選

購貓咪專用的洗髮精，並仔細閱讀說明是否適合你的貓咪，必要時也可以加以稀釋（如果家中的貓咪屬於長毛貓種，稀釋後的沐浴精比較容易能清潔到毛囊）。

　　貓狗長期使用人類的沐浴乳和洗髮精有什麼危害？

⑴ 合適的 pH 值被破壞。

⑵ 變成細菌容易孳生的環境。

⑶ 清潔力太強，造成乾癢、皮屑嚴重。

⑷ 產生各種皮膚病。

	人類	犬貓
酸鹼值	pH 5～6	pH 6.5～7.5
表皮厚度	10～15 層細胞	3～5 層細胞

　　所以如果犬貓長期使用人類沐浴乳，很可能會導致皮膚過度刺激，進而出現皮膚問題，為了毛寶貝健康著想，寵物洗澡時，推薦使用寵物洗毛精較好。

　　以上每個步驟若連續失敗 3 次就停止（如貓咪出現生氣、攻擊行為），如果成功，一秒內就給予獎勵。

　　另外記得放慢每個步驟，3 天至一個禮拜訓練一個步驟都可以，太急容易造成反效果！

飼養小百科

洗澡時間安排

- **打過疫苗**

  出生滿 6～8 週的小貓體內，還存有媽媽的抗體，可能干擾疫苗作用，因此建議至少第 8 週過後再施打。另外，第三劑疫苗一定要在第 14 週後施打，才能真正保護貓咪。

  施打流程舉例：第一劑（第 8 週）→第二劑（第 11～12 週）→第三劑（第 14～16 週）。

- **超過 3 個月大**

  3 個月以下的幼貓洗澡容易嗆到或是受寒，重點是 3 個月以上的幼貓應該打的疫苗都打了，再來洗澡會比較安全。

- **避開驅蟲點藥時**

  因為如有點驅蟲藥，洗澡時就被洗掉了，藥就浪費了，所以驅蟲藥可以在洗澡後點。如果已有點藥，建議 2 週後再來洗澡比較好唷！

6. 循序漸進的洗澡法

不能突然就開水沖，因為貓天性怕水，一定要一步一步來訓練。

套繩保定（建議不套繩）
一定要前後保定，因為貓是會亂跳
的，前後保定才不會因為貓亂跳而造
成貓和人員受傷。

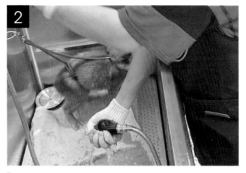

試水溫
可以在底部放一塊布，並用布或手套
包住蓮蓬頭，讓水聲變小。

試淋水
由後腳慢慢往前，蓮蓬頭壓在身上，
讓水聲變小，也讓貓能漸漸適應水。

打溼
先用手臂測試水溫及水柱強度：依「腳
→身體→頭」的順序，由下而上沖
溼，讓毛孩慢慢適應，才不會一下子
造成太大的刺激。

上洗劑

沖乾淨

7

溫熱風吹乾全身
要澈底幫毛孩吹乾，這樣還能讓毛髮
更不容易打結！使用溫熱風並與毛孩
保持約 30 公分的適當距離，才不會讓
毛孩燙傷哦！

8

犒賞貓咪
洗完澡後，貓咪可能會覺得脆弱和害
怕，一定要讓貓咪將洗澡做出正面連
結。每次洗完澡後給予罐罐、貓草或
其他點心，並給牠們很多的關注，都
是對貓咪精神上很重要的支持！

小祕訣

- 千萬！千萬！要記得，貓咪多數是討厭水的。雖然願意洗一下澡。但用水潑臉可是大
  忌，萬萬使不得。尤其是帶有肥皂泡的水，會刺激貓咪眼睛的黏
  膜，如果不小心沾到，須趕快用清水幫牠沖洗，並趕快擦
  一擦。

- **快速吹乾的小密技**
  可先用吹水機把水分吹乾一點，節省吹風的時
  間，但一定要再用吹風機將毛孩完全吹乾。
  容易緊張、害怕吹風機的貓，想要吹乾身體
  真的會傷透腦筋。可以使用毛巾罩住毛孩，
  透過洞洞就能順利將毛孩吹乾囉！

MEMO

第六章

與貓相守

與貓咪相守是一門需要愛心、耐心和理解的藝術。

貓咪作為獨立且敏感的動物，有著獨特的需求和行為模式。然而，若我們要正確地與貓咪相處，飼主必須學會尊重貓咪的個性和界限，並在其需要時提供支持和陪伴。除了了解貓咪的身體語言和情緒表達，有助於飼主更好地滿足其生理和心理需求；同時提供一個安全、舒適的生活環境，也能促進貓咪的健康和幸福感。在日常飼養的過程中，我們也可以藉由建立穩定的日常作息、適當的遊戲活動和定期的健康檢查，來維持、確保貓咪的整體檢康身心福祉。

在這個過程中，飼主與貓咪之間的信任和情感也會逐漸加深，最終形成一種和諧且充滿愛的關係。

第一節　常見貓咪的疾病

一　呼吸系統疾病

㈠ 貓鼻氣管炎

由病毒引起的上呼吸道感染，症狀包括打噴嚏、流鼻涕和眼睛出現分泌物。

㈡ 貓流感

由多種病原體引起，類似於人類的感冒，會引起打噴嚏、咳嗽和食欲不振。

二　消化系統疾病

㈠ 毛球症

貓咪舔毛時吞入大量毛髮，可能在胃中形成毛球，導致嘔吐或食欲減退。

㈡ 腸胃炎

由細菌、病毒或寄生蟲引起，會引起嘔吐、腹瀉和脫水。

三　皮膚疾病

㈠ 皮膚寄生蟲感染

如跳蚤和蜱蟲，會引起瘙癢、皮膚紅腫和感染。

㈡ 眞菌感染

如皮膚癬，會引起脫毛、皮膚發癢和紅腫。

四　泌尿系統疾病

㈠　泌尿道感染

常見於公貓，會引起頻繁排尿、血尿和疼痛。

㈡　腎病

特別是老年貓，腎功能衰竭是常見問題，症狀包括食欲不振、體重減輕和口渴。

五　口腔疾病

㈠　牙結石和牙周病

會引起口臭、牙齦炎和牙齒脫落。

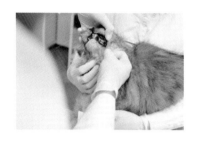

㈡　口腔潰瘍

可能由病毒感染或牙齦疾病引起，會導致疼痛和食欲不振。

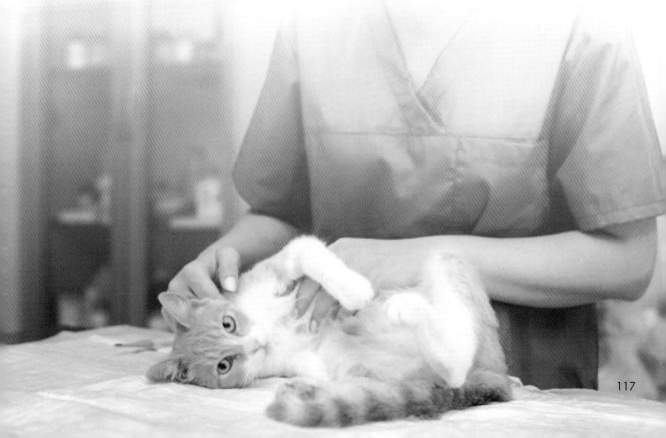

第二節　貓咪如何簡單吃藥

貓咪在吃藥時可能會有些困難，以下幾個方法可以讓貓咪更容易地服用藥物。

 使用藥丸塞入食物中

將藥丸塞入貓咪喜歡的食物中，例如：搗碎的罐頭或鮮肉，讓貓咪在進食時不易察覺藥物的存在。

 使用液體藥物

若貓咪難以吞嚥藥丸，可以請醫師開立液體藥物，利用注射器或滴管直接灌入貓咪口中。

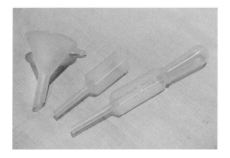

 使用零食包裹

將藥丸包裹在貓咪喜歡的點心或零食中，讓貓咪在進食時無法感受到藥物的苦味。

 專業指導

若貓咪對於服用藥物仍感到抗拒，建議請求獸醫或專業人士指導，以確保貓咪能正確且安全地服用藥物。

以上方法希望能幫助你更輕鬆地讓貓咪服用藥物，同時也提醒在使用任何方法前，應先諮詢獸醫的意見。

第三節　幫貓咪放鬆的 PURR 世界

✗ 不可按摩

- 有急症、有些地方腫脹、有腫瘤、有皮膚病、骨折。
- 剛做完劇烈運動（散步回來、去游泳、剛玩完的時候）。
- 吃飯前後一小時。
- 睡覺時（睡覺時按摩，沒反抗就繼續，尾巴或手腳開始動，就停止）。
- 強迫按摩（如果毛孩身體不舒服，會不想被碰）。
- 一邊滑手機，一邊幫毛孩按摩。
- 時間超過 15 分鐘。

✓ 可以按摩

- 毛孩睡前時，舒服、安靜、穩定的狀況下按摩。
- 按摩時雙方會產生好的連結，如催產素、腦內啡等，雙方也會同時感到舒緩。

一 **基本按摩方式**

(一) 輕撫全身

　　由上往下輕撫全身，有事沒事就可以多多輕撫，特別是背部，但要避開脊椎。

(二) 拉提背部

　　沿著脊椎從脖子開始，用指腹輕輕的拉提中間肌膚，拉到尾部後，再從脖子繼續。中間是跟五臟六腑、陽氣相關的經絡，對牠們都是很好的，貓咪若有「椎間盤突出」問題，千萬不要太激烈地做這個動作，會太刺激。

(三) 輕撫後腳

　　輕撫後腳（膝蓋後側）也可以。

(四) 後腳靠近膝蓋（下方外側）處

　　這邊有跟胃相關的經絡，由上往下輕撫，可以緩和一些換季時的腸胃不適。

㈤ 肚臍

　　畫圓輕撫，從右往左的方向畫圓，或是把手弄熱，直接放在上方（天氣變冷的時候也很適合），或是可以穿衣服、禮貌帶保暖肚子，緩和換季腸胃問題。

二　貓咪最喜歡被按摩的地方

㈠ 頭頂

　　頭頂貓咪自己抓不到，所以可輕撫畫圓，不但可以安神，還可以協助緩和一些頭部的狀況。但千萬不要特別大力按壓，輕輕的就好。

㈡ 雙頰

　　用手輕撫兩側臉頰。

㈢ 眼睛四周

　　從眼頭到眼尾輕輕順摸按摩，可舒緩一些眼睛或淚腺比較發達的問題（但青光眼、角膜炎狀況下不要按喔）。

㈣ 鼻子

　　從鼻子兩側順摸到臉頰，協助一些打噴嚏、鼻子相關狀況緩解。

㈤ 耳朵

　　在耳背用畫圓的方式按摩。

㈥ 下巴

　　輕撫下巴，緩和一些容易咳嗽的問題。特別注意在脖子、喉嚨處，按摩的力道一定要小，如果力道太大，也容易造成牠們不舒服與咳嗽。

㈦ 雙頰

　　輕撫兩頰到前腳處，這邊有頸部淋巴結，可以做一些保健。

第四節 如何成為一位最棒的飼主

養毛孩前，你真的準備好了嗎？
快來檢視自己能做到幾項？

是 ✔
否 ✘

☐ 是否有足夠的經濟能力負擔生活　　☐ 是否了解寵物的日常照顧

☐ 是否有照顧與陪伴的能力　　　　　☐ 了解寵物醫療的相關知識

☐ 家中同住者是否同意與支持　　　　☐ 準備好負責牠的一生

☐ 活動空間是否足夠　　　　　　　　☐ 居住處是否可養寵物

☐ 是否會對寵物過敏　　　　　　　　☐ 是否能忍受寵物帶來的破壞

丫紫寵物造型坊提供

一　帶貓咪回家前需要做的事

　　養貓是動輒需要持續 10 年以上的事情，千萬別一時覺得貓咪可愛就帶回家，對你而言養貓可能只是某一部分的人生階段，但對貓咪而言這裡是牠一輩子的家。決定養貓前，請先做好相關準備，並且要有照顧牠一輩子的決心；因此會建議平常生活忙碌很少在家的人、近幾年可能會搬家並且無法帶著貓咪一起的人、或是感情尚未太穩定的情侶等，可能都要想清楚自己該不該養貓。

㈠　給專業獸醫檢查

　　建議將貓咪帶回家前，要先經過專業獸醫的基本檢查，包含血液檢查、體內外驅蟲等，並且在帶回貓咪約一至兩週後，再到動物醫院接種貓咪的五合一疫苗。

飼養小百科

・足夠的耐心及距離

並非所有貓咪都會馬上很親人，尤其當貓咪來到一個全新的環境，難免會緊張害怕、甚至難以接近，若貓咪一開始常常躲起來，這時候就先別打擾牠了！給牠時間適應，信任感逐漸建立後，戒心才會慢慢放下，而這通常需要一些時間。

・食物引誘

除了不打擾以外，提供好吃的食物也是快速建立信任感的最佳捷徑之一！當貓咪了解到你會提供牠好吃的食物，並且不會傷害牠，相信牠會越來越願意親近你！

二　養貓有哪些好處？

㈠ 陪伴

　　生活中有貓咪陪伴，是非常幸福的一件事，比起家中空無一人，知道家裡有貓咪在等你、開門時有貓咪迎接你，這是所有貓咪飼主都非常享受的事。

㈡ 療癒

　　貓咪眞的太可愛了，對喜歡貓咪的人來說，不論是抱貓咪、摸貓咪、甚至只要看著貓咪，就能感覺到身心靈被療癒了。也有不少人特別鍾愛貓咪身上的味道，因此每天都要進行「吸貓儀式」，若你也會因爲前述這些行爲而感到被療癒，那你很可能就是適合養貓的潛在貓奴！

㈢ 認識新朋友

　　有了貓咪之後，自然有一部分生活中會被貓咪占據，但通常也會因此結交到新朋友，或與同樣有養貓的朋友往來更頻繁。

二 **養貓有哪些不便之處？可能會碰到什麼問題？**

㈠ **照顧貓咪的責任**

　　如前述養貓咪是一輩子的事情，因此你每天都需要幫牠準備食物、水，也要幫牠清理貓砂盆中的大小便，這也是爲什麼養貓的人都會被稱爲「貓奴才」（簡稱「貓奴」），因爲每天都需要照三餐伺候牠！

㈡ **額外花費**

　　不論你養貓是窮養或富養，養貓都會產生一筆額外開銷，除了購入貓咪需要的用具以外，貓咪的伙食費和貓砂也是每個月都需要支出的固定花費，更別提若貓咪健康出問題，找獸醫求助又是另一筆可觀的開支。

㈢ 較難出遠門

　　養貓之後若要出遠門，真的是非常頭痛的一件事，因為貓咪不會自己準備三餐，因此你可能需要花一筆錢讓貓咪暫住貓旅館，或是找可信賴的親友幫忙餵貓，而這些做法又遠不及自己照顧來得安心，因此這是養貓前需要特別評估的重點。

㈣ 需改變家中擺設

　　貓咪喜歡爬高、喜歡撥弄小東西當成玩具、喜歡抓家具磨指甲，這些天性使然的行為，都會讓你不得不為家中擺設做一些調整，例如：易碎品全部要收起來、避免在高處擺放物品等，若沙發並非貓抓布材質，也要做好沙發被貓抓爛的心理準備。

三　養貓的管道有哪些？

　　除了向合格、合法的寵物業者購入以外，大家也可以選擇到各地的流浪動物收容所逛逛，這些地方通常都有很多正在找家的可愛貓咪。

　　不論是領養還是購買，臺灣可以獲取貓咪的管道相當多元，分別有收容所、中途之家、寵物店及合法貓舍，大家可依據自身需求來挑選獲取管道。

　　但要特別注意的是，倘若選擇在寵物店購買貓咪，有些業者不會主動張貼貓咪品種、性別、來源地及許可證字號等，或是其籠舍過小，已違反《特定寵物業管理辦法》規定。為了不讓你的購買助長非法繁殖、虐待行為，請貓友們務必做足功課，確認該寵物店為合法正當之經營店家後，再進行購買。

㈠ **收容所**

　　各縣市都有收容所，去之前可以先看看官網，有沒有看對眼的貓咪，再依照收容所的開放時間前往，要記得認養人需年滿 20 歲且無棄養紀錄，並攜帶身分證明文件到現場親自辦理手續。如果未滿 20 歲者，要以法定代理人或法定監護人為申請人，並攜帶申請人的身分證明文件，親自到現場辦理手續。

㈡ **中途之家**

　　這裡指的是暫時收留、照顧貓咪的人，等到貓咪斷奶或健康穩定後，會開放人們來認養貓咪。每個中途對認養人的規定不太一樣，像是年紀方面就會比收容所要求嚴格，其實是要看認養人是否有經濟能力；要拍居家環境的照片，以防在沒有任何安全防範下，貓咪很有可能會有逃家、墜樓等情況發生。

㈢ 寵物店／貓舍

購買寵物的來源一般分為寵物店及貓舍，寵物店可選擇的種類較多，可直接挑選後帶回，但若對品種標準、血統、健康狀況等保障有一定程度的要求，則建議向貓舍洽詢。

㈣ 有緣自然相遇

你們之間的緣分就從巧遇開始一段新的故事，剛好遇到流浪貓並且看對眼，牠也願意跟你回家的。切記不要強行捕捉，要以誘導的方式，還要看看出現貓咪的附近是否有其他貓咪，有的時候可能是貓媽媽去覓食，貓咪尚未斷奶。

國家圖書館出版品預行編目(CIP)資料

臺灣常見飼養貓咪完全教育指南／王欣玲，郭
秀娟，張維誌編著. -- 初版. -- 臺北市：
五南圖書出版股份有限公司, 2025.01
面；　公分
ISBN 978-626-393-923-3(平裝)

1.CST: 貓　2.CST: 寵物飼養

437.364　　　　　　　　　113017101

5N72

臺灣常見飼養貓咪完全教育指南

編 著 者 ― 王欣玲、郭秀娟、張維誌

編輯主編 ― 李貴年

責任編輯 ― 何富珊

文字校對 ― 石曉蓉

封面設計 ― 姚孝慈

出 版 者 ― 五南圖書出版股份有限公司

發 行 人 ― 楊榮川

總 經 理 ― 楊士清

總 編 輯 ― 楊秀麗

地　　　址：106台北市大安區和平東路二段339號4樓

電　　　話：(02)2705-5066　　傳　　真：(02)2706-6100

網　　　址：https://www.wunan.com.tw

電子郵件：wunan@wunan.com.tw

劃撥帳號：01068953

戶　　　名：五南圖書出版股份有限公司

法律顧問　林勝安律師

出版日期　2025年1月初版一刷

定　　　價　新臺幣420元

經典永恆・名著常在

五十週年的獻禮 —— 經典名著文庫

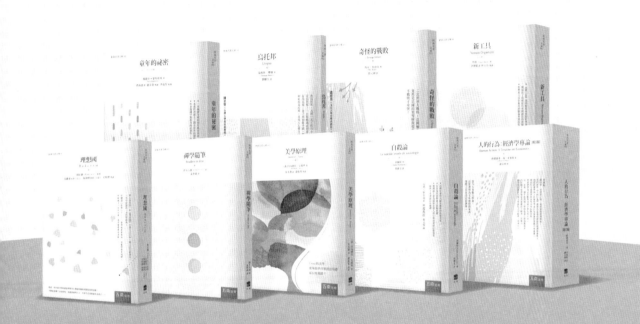

五南，五十年了，半個世紀，人生旅程的一大半，走過來了。

思索著，邁向百年的未來歷程，能為知識界、文化學術界作些什麼？

在速食文化的生態下，有什麼值得讓人雋永品味的？

歷代經典・當今名著，經過時間的洗禮，千錘百鍊，流傳至今，光芒耀人；

不僅使我們能領悟前人的智慧，同時也增深加廣我們思考的深度與視野。

我們決心投入巨資，有計畫的系統梳選，成立「經典名著文庫」，

希望收入古今中外思想性的、充滿睿智與獨見的經典、名著。

這是一項理想性的、永續性的巨大出版工程。

不在意讀者的眾寡，只考慮它的學術價值，力求完整展現先哲思想的軌跡；

為知識界開啟一片智慧之窗，營造一座百花綻放的世界文明公園，

任君遨遊、取菁吸蜜、嘉惠學子！